Cuadernos de lógica, epistemología y lenguaje

Volumen 2

Razonamiento abductivo en lógica clásica

Volumen 1
Gottlob Frege. Una introducción
Markus Stepanians. Traducción de Juan Redmond

Volumen 2
Razonamiento abductivo en lógica clásica
Fernando Soler Toscano

Cuadernos de Lógica, epistemología y lenguaje
Series Editors
Shahid Rahman and Juan Redmond

Razonamiento abductivo en lógica clásica

Fernando Soler Toscano

ISBN 978-1-84890-083-7

College Publications
Scientific Director: Dov Gabbay
Managing Director: Jane Spurr
Department of Informatics,
King's College London, Strand, London WC2R 2LS, UK

http://www.collegepublications.co.uk

Cover produced by Laraine Welch
Printed by Lightning Source, Milton Keynes, UK

Índice general

Índice general

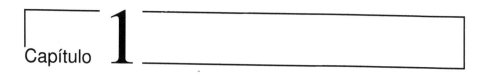

Capítulo 1

Introducción

—Usted pareció sorprenderse cuando le dije, en nuestra primera entrevista, que había venido de Afganistán —comentó Sherlock Holmes a Watson.

—Alguien se lo habría dicho, sin duda alguna.

—¡De ninguna manera! Yo descubrí que usted había venido de Afganistán. Por la fuerza de un largo hábito, el curso de mis pensamientos es tan rígido en mi cerebro, que llegué a esa conclusión sin tener siquiera conciencia de las etapas intermedias. Sin embargo, pasé por esas etapas. El curso de mi razonamiento fue el siguiente: "He aquí a un caballero que responde al tipo del hombre de medicina, pero que tiene un aire marcial. Es, por consiguiente, un médico militar con toda evidencia. Acaba de llegar de países tropicales, porque su cara es de un fuerte color oscuro, color que no es el natural de su cutis, porque sus muñecas son blancas. Ha pasado por sufrimientos y enfermedad, como lo pregona su cara macilenta. Ha sufrido una herida en el brazo izquierdo. Lo mantiene rígido y de una manera forzada... ¿En qué país tropical ha podido un médico del ejército inglés pasar por duros sufrimientos y resultar herido en un brazo? Evidentemente, en Afganistán". Toda esa trabazón de pensamientos no me llevó ni un segundo. Y entonces hice la observación de que usted había venido de Afganistán, lo cual lo dejó asombrado.

A.C. Doyle, *Estudio en Escarlata*

1.1. ¿Qué es la abducción?

Durante más de dos mil años, lo que se entendía por *lógica* era fundamentalmente la *silogística*, fundada por Aristóteles (384–322 a.C.) y continuada principalmente por la Escolástica en la Edad Media. En los *Analíticos primeros*, Aristóteles investiga las formas correctas de inferencia. Allí define el *silogismo* como un razonamiento en el que, establecidas algunas cosas, se sigue necesariamente otra distinta de ellas, por el mero hecho de estar ellas establecidas. En la figura 1.1 recogemos un ejemplo de silogismo. Resulta obvio que la verdad de la conclusión —la tercera oración, debajo de la línea— se sigue de la verdad

Los animales sin bilis tienen larga vida
Pero el hombre, el caballo y la mula no tienen bilis
───
Luego el hombre, el caballo y la mula tienen larga vida

Figura 1.1: Ejemplo de silogismo

de las dos premisas, es decir, no es posible que las premisas sean verdaderas y la conclusión sea falsa. La silogística se encarga, pues, de determinar las formas gramaticales —a las que subyace cierta forma lógica— de los razonamientos correctos, con el objeto de poder aplicarse a las diferentes ciencias.

Así como Aristóteles es el fundador de la lógica antigua, la lógica moderna —que ya llamamos *clásica*— tiene su punto de arranque en Frege (1848–1925). En la *Conceptografía* (1879), Frege vuelve a enfrentarse a la tarea de sistematizar el razonamiento[1]. A diferencia de Aristóteles, Frege no estudia los razonamientos en su propia lengua, sino que crea un nuevo lenguaje, puramente formal, en el que es posible representar los razonamientos de modo abstracto. Frege es el punto de inflexión en el que la lógica se convierte en una ciencia formal. Pero también, es el fundador del *proyecto logicista*, que tenía por empeño el fundamentar toda la matemática sobre la lógica.

Si hemos comenzado esta sección acudiendo a la historia de la lógica es para subrayar cómo ésta ha tenido fundamentalmente un carácter *deductivo*, de establecer nuevas verdades a partir de verdades ya establecidas. Esto es lo que pretendió la silogística y también lo que, a partir de Frege, se consuma con la introducción de los sistemas formales.

Pero hay otras formas no deductivas de razonamiento, menos afortunadas en cuanto a la atención que históricamente han recibido, entre las que se encuentra la *abducción*. De ello se dio cuenta Charles Sanders Peirce (1839–1914), iniciador del movimiento pragmatista en Norteamérica. Para Peirce[41], el pragmatismo es sobre todo un método de pensamiento orientado a aclarar nuestras ideas. Peirce considera que son pocas las ideas *infalibles*, que pueden establecerse de una vez para siempre. Salvo en el terreno de la matemática y la lógica, donde las ideas son infalibles y pueden aplicarse métodos deductivos, el resto de ideas son *falibles*, es decir, se mueven en el terreno de la *hipótesis*. Al principio, Peirce llama *hipótesis* a la forma de razonamiento que posteriormente llamó *abducción* y *retroducción*. Como observa A. Aliseda [1], a estos cambios de terminología acompañan ciertas variaciones en la concepción que Peirce tiene de la abducción. Peirce caracteriza la abducción en forma de silogismo, de la siguiente manera:

El hecho sorprendente, *C*, es observado. Pero si *A* fuera verdad, *C* sería aceptado como algo evidente. Por lo tanto, hay razón para sospechar que *A* es verdad (*CP 5.189, 1903*).

─────────────

[1]Entre Aristóteles y Frege ya había habido varios intentos más, siendo los de Leibniz (1646–1716) los de mayor repercusión.

Para G. Génova [23], el descubrimiento[2] de este modo de inferencia debe datarse alrededor de 1865, cuando Peirce encuentra que ya Aristóteles, en sus *Analíticos primeros* recoge, junto al razonamiento deductivo, otros silogismos en que el orden de las proposiciones se altera, produciendo esquemas de inferencia que aunque no son deductivamente válidos sí que se asemejan a

Los animales sin bilis tienen larga vida

Pero el hombre, el caballo y la mula tienen larga vida

Luego el hombre, el caballo y la mula no tienen bilis.

Figura 1.2: Ejemplo de *apagogé*

ciertos razonamientos de sentido común. Así encuentra Peirce la *apagogé*, una forma de razonamiento que Aristóteles ilustra con el ejemplo que recogemos en la figura 1.2. La conclusión de este razonamiento no es necesaria, pero sí plausible, ya que está sugerida por las premisas.

Junto a la abducción, la deducción y la inducción son para Peirce los tres modos de inferencia; sin embargo, la abducción es la única que puede generar ideas nuevas:

La abducción es el proceso de formar una hipótesis explicativa. Es la única operación lógica que introduce alguna idea nueva; pues la inducción no hace más que determinar un valor, y la deducción desarrolla meramente las consecuencias necesarias de una pura hipótesis.

La deducción prueba que algo *debe* ser, la inducción muestra que algo es *realmente* operativo; la abducción meramente sugiere que algo *puede ser*.

Su única justificación es que, a partir de su sugerencia, la deducción puede extraer una predicción que puede comprobarse por inducción; y que, si es que podemos llegar a aprender algo o a entender completamente los fenómenos, debe ser por abducción como esto se lleve a cabo (*EP 2:216, 1903*).

Junto a estas tres formas de razonamiento, que como indica Bell [6] son más bien términos imprecisos que cada autor llena de contenido de diferente forma, es frecuente considerar la *analogía* como otro modo de inferencia. Gilles Défourneaux y Nicolas Peltier [14] indican que para Peirce la analogía se puede ver como una inducción y una abducción seguidas por una deducción. Es decir, cuando tratamos de resolver un problema por analogía lo que hacemos es, en primer lugar, mediante abducción e inducción, buscar un dominio *análogo* al del problema que tratamos de resolver, pero mejor conocido para nosotros. Entonces razonamos deductivamente en este segundo dominio y trasladamos *analógicamente* las conclusiones al dominio del problema.

Antes de continuar, digamos que en ocasiones nos referiremos al razonamiento abductivo como *razonamiento explicativo*. Con ello entendemos algo

---

[2]G. Debrock [13] encuentra también precedentes en Nicolás de Cusa (1401–1464) e incluso en Friedrich Schiller (1759–1805).

diferente a Peirce, para quien el razonamiento explicativo es el que Kant llama *analítico*. En el razonamiento analítico, la conclusión explicita cierta información que se encuentra contenida en las premisas, tal como hace el argumento de la figura 1.1. Por contraposición, en el razonamiento *sintético*, la conclusión contiene información que no estaba en las premisas. A esta segunda clase solo pertenecen la inducción y la abducción.

Características	Gripe	Resfriado
Inicio	Súbito	Paulatino
Fiebre	38–41°	Rara
Mialgia	Sí	No
Cefalea	Muy intensa	Rara
Tos (productiva)	No	Sí
Dolor lumbar	Sí	No
Estornudos	Raro	Sí
Rinorrea	A veces	Sí
Odinofagia	A veces	Sí
Irritación ocular	A veces	Sí
Secreción nasal acuosa	A veces	Sí (primeros días)
Duración	3–5 días	8–10 días
Virus	*Ortomixovirus* (influenza A y B)	Primavera y verano *picornavirus*, y en otoño e invierno *paramixovirus*

Tabla 1.1: Diferencias entre los síntomas del resfriado y de la gripe

Volviendo a la abducción, veamos algunos ejemplos para ilustrar cómo se trata de una forma insegura pero interesante de razonamiento. El Colegio Oficial de Farmacéuticos de Valencia hacía pública la información que recogemos en la tabla 1.1, que permite distinguir los síntomas del resfriado y de la gripe. Cada fila de esta tabla indica, para el resfriado y para la gripe, si cierto síntoma aparece o no. La tabla ha sido compuesta a partir del trabajo de especialistas que, conociendo ambas enfermedades, dan cuenta de los síntomas de cada una de ellas. Sin embargo, su mayor utilidad se revela cuando se usa en sentido contrario[3] a como se compuso, es decir, cuando se recorre de los síntomas a la enfermedad, con lo que se hace de ella un uso abductivo. En este caso, se trata de un diagnóstico, que es una de las tareas para las que actualmente se considera interesante la abducción.

Un buen diagnóstico observa los síntomas del paciente y determina la enfermedad que más probablemente tenga. Parafraseando a Peirce, diríamos: "el conjunto de síntomas C es observado en el paciente; pero si el paciente tuviera la enfermedad A, los síntomas C serían esperables; por tanto, hay razones para sospechar que el paciente tiene la enfermedad A".

---

[3]En ocasiones se llama a la abducción "deducción hacia atrás", o "retroducción", término del propio Peirce.

El razonamiento abductivo es siempre inseguro, pues se basa en una conjetura, una sospecha, como el mismo Peirce indica. La conclusión abductiva —la enfermedad A, por ejemplo— puede invalidarse si se descubren nuevos hechos —que, por ejemplo, pueden llevarnos a concluir que el paciente no tiene la enfermedad A, sino otra más rara, B, con el mismo conjunto de síntomas C—. Por ello, como indica A. Aliseda [1], la abducción puede entenderse como un tipo de cambio epistémico.

La aplicación que hemos comentado a la diagnosis nos hace pensar en la importancia, para la correcta abducción, del *ojo clínico*, que el diccionario de la Real Academia Española define como la "facilidad para captar una circunstancia o preverla". Esta capacidad la tenemos todos, cada uno en los dominios de conocimiento en que tiene mayor experiencia. Peirce considera esta capacidad como un "*flash* de entendimiento". Es este *flash* lo que Sherlock Holmes explica al doctor Watson en la cita con la que abrimos este capítulo[4]. Se trata de una sucesión de pensamientos que le han servido a Holmes para concluir que Watson viene de Afganistán. Curiosamente, esta cita pertenece a un capítulo titulado "La ciencia de la deducción", pero precisamente aquello en lo que Holmes es todo un maestro, como queda claro en los párrafos seleccionados, es en la abducción, pues como buen detective es capaz de analizar —en menos de un segundo, debido al ojo clínico que la da su gran experiencia— las pistas que observa —los rasgos de Watson— para concluir aquello que las explica.

Uno de los campos donde más se estudia la abducción es en Filosofía de la Ciencia, como más adelante veremos, pues se considera una de las formas —para algunos la única— en que se generan las hipótesis científicas. Así, se reconoce el valor de la abducción en la práctica científica. Pero no solo en las ciencias empíricas, sino que también se ha subrayado su importancia en la práctica matemática, por ejemplo en la enunciación de lemas que sirvan para probar teoremas complejos. Sin embargo, cuando se completan las pruebas de estos teoremas, su presentación siempre es deductiva —como debe ser, realmente— y se olvida que hubo un razonamiento de tipo abductivo para encontrar tales demostraciones. Esto contribuye a que la abducción no haya recibido la misma atención que la deducción.

Recientemente, el tratamiento formal de la abducción se ha convertido en un tema de gran interés, sobre todo por las aplicaciones que encuentra en diversas disciplinas, fundamentalmente relacionadas con la Inteligencia Artificial. Por ello existen bastantes acercamientos que tratan la abducción con los mismos formalismos que originalmente se desarrollaron con fines deductivos. ¿Tiene sentido esta tarea? Probablemente el propio Peirce se habría mostrado en contra de tratar la abducción con herramientas creadas para la deducción, pues se corre el peligro de reducir la abducción a deducción camuflada, y entonces deja de tener interés. Aún así, pensamos que merece la pena correr este riesgo si los resultados son sugerentes en algún sentido.

---

[4]Fragmento de A.C. Doyle, *Estudio en Escarlata*, citado por Sheila A. McIlraith [35], tomado de Umberto Eco y Thomas A. Sebeok [18].

1.2. Aplicaciones del razonamiento abductivo

Al ser la abducción un modo de inferencia habitual dentro del razonamiento de sentido común, encuentra aplicaciones en diferentes disciplinas. En primer lugar, precisamente por su vinculación al razonamiento natural, la abducción se ha convertido en objeto de estudio por parte de la Ciencia Cognitiva, disciplina que A. Gomila comprende como

> un programa científico comprometido con la teoría representacional de la mente, surgido en parte como reacción al predominio del conductismo en psicología, para el que debía explicarse la conducta como función de los estímulos. En cambio, para el cognitivismo es preciso postular representaciones mentales (que según el enfoque concreto adoptan la forma de esquemas, de modelos mentales, de *scripts* o *frames*, de proposiciones, de imágenes, etc.) que median entre los estímulos y la conducta, para dar cuenta de la flexibilidad y adaptabilidad (o racionalidad e inteligencia), que la distingue[5].

Uno de los enfoques más importantes dentro de la Ciencia Cognitiva es el que encabezan M.D.S. Braine [11] y L. Rips [45, 46], quienes sostienen que existe una *lógica mental*[6] que hace que el razonamiento humano se guíe por reglas formales, de modo parecido a como lo hace la deducción natural. Por ejemplo, para explicar por qué los humanos solemos tener más dificultades al aplicar la regla de *modus tollens* que la de *modus ponens* en los tests de razonamiento, ellos sostienen que mientras que el *modus ponens* sería una regla —mental— primitiva, el *modus tollens* tendría que ser derivado cada vez que hiciera falta usarlo.

En contra del formalismo de la *Lógica Mental*, P.N. Johnson-Laird [26] funda la corriente conocida como *Modelos Mentales*, que postula que al razonar no usamos reglas formales independientes del contexto —como el *modus ponens*— sino que procedemos construyendo modelos de las premisas con que contamos, y extrayendo conclusiones de dichos modelos. Mediante los modelos mentales, los seguidores de esta corriente pretenden dar cuenta de la dependencia del razonamiento humano respecto del contexto en que se mueve.

Si bien las dos corrientes anteriores conceden más o menos importancia a la lógica en el razonamiento humano, existen otras propuestas que defienden que la lógica no tiene ninguna relevancia. Así, L. Cosmides [12] sostiene que si en ocasiones parecemos razonar lógicamente es porque seguimos estrategias que se han ido desarrollando durante la evolución de nuestra especie para resolver problemas concretos.

Pese a orientarse la mayor parte de los experimentos fundacionales de la Ciencia Cognitiva a evaluar —y posteriormente explicar— las capacidades deductivas del razonamiento humano, la abducción es, aunque poco estudiada,

---

[5]A. Gomila [21], Sección 3, "De la Semiótica a la Ciencia Cognitiva".

[6]La *Lógica Mental*, como teoría cognitiva, se debe a M.D.S. Braine y colaboradores. L. Rips es el creador de PSYCOP, un sistema de inferencia deductiva implementado en Prolog que sigue una concepción muy similar a la de Braine. Es por ello que reunimos a ambos autores dentro de un mismo enfoque.

un objetivo primordial, al estar a la base de buena parte de las inferencias que realiza la mente humana, que usualmente no se mueve dentro de la seguridad de la deducción, sino que opera en el terreno incierto de la conjetura, la sospecha, la hipótesis. En los textos de Peirce encontramos, de hecho, múltiples elementos para realizar un análisis cognitivo de la abducción. Por ejemplo, su afirmación de que la abducción es la única operación lógica que introduce nuevas ideas, el valor de la creatividad, o la propia idea del *flash* de entendimiento, contienen múltiples sugerencias cognitivas.

J. Nubiola [38] relaciona la abducción con la creatividad, y recoge la siguiente cita, donde Peirce habla del *musement*, un juego libre del pensamiento, meditación sin más regla que la libertad.

> Sube al bote del *musement*, empújalo en el lago del pensamiento y deja que la brisa del cielo empuje tu navegación. Con tus ojos abiertos, despierta a lo que está a tu alrededor o dentro de ti y entabla conversación contigo mismo; para eso es toda meditación (*CP 6.461, 1908*).

A. Aliseda [1] llama la atención sobre la importancia que tiene la *sorpresa* en la inferencia abductiva. La sorpresa —que para A. Aliseda puede tener la forma de *novedad* o *anomalía* [2]— es el *detonador abductivo*. El mismo Peirce, en la caracterización de la abducción, considera el carácter *sorprendente* de la observación que despierta en la mente la *duda*, y con ella el impulso a explicarla.

Otro de los rasgos de la abducción con mayor importancia cognitiva es su doble carácter *intuitivo* y *racional*. En ciertas ocasiones, Peirce habla de la abducción como un *método* para generar buenas hipótesis, pero en otras la define como un *hábito* o capacidad. Como subraya A. Aliseda [1], esta dualidad se ha convertido en ocasiones en un conflicto para los estudiosos de Peirce, tanto que ha llegado a conocerse incluso como "el dilema de Peirce". La relevancia de esta contraposición reside en que si el componente metodológico es el más importante, entonces es posible caracterizar congnitivamente el razonamiento abductivo al modo de un *proceso*. Por el contrario, si la abducción se debe principalmente a un hábito, o algún tipo de intuición, entonces no es posible más que dar constancia de los *productos* abductivos en determinados contextos.

También en Lingüística resulta interesante el estudio de la abducción. Existen propuestas, como la de P. Krause [30], que emplean la abducción, dentro de la teoría de representación del discurso, para el estudio de las presuposiciones lingüísticas. Según esta idea, cuando escuchamos la oración "todos los amigos de Pedro se encuentran satisfechos en sus trabajos" y suponemos que todos los amigos de Pedro trabajan, lo que realizamos es una inferencia abductiva.

Más allá de la presuposición, Nubiola [38] generaliza la importancia de la abducción a toda la actividad lingüística ordinaria, lo que ilustra con la siguiente cita de Peirce:

> Al mirar por mi ventana esta hermosa mañana de primavera veo una azalea en plena floración. ¡No, no! No es eso lo que veo; aunque sea la única manera en que puedo describir lo que veo. *Eso* es una proposición, una frase, un hecho; pero lo que yo percibo no es una

proposición, ni una frase, ni un hecho, sino solo una imagen, que hago inteligible en parte mediante un enunciado de hecho. Este enunciado es abstracto, mientras que lo que veo es concreto. Realizo una abducción cada vez que expreso en una frase lo que veo. La verdad es que toda la fábrica de nuestro conocimiento es una tela entretejida de puras hipótesis confirmadas y refinadas por la inducción. No puede realizarse el menor avance en el conocimiento más allá de la mirada vacía si no media una abducción en cada paso (*MS 692, 1901*).

Pero la contribución mayor de Peirce a la Lingüística se encuentra en la semiótica, de la que es fundador. Al estudiar el significado, Peirce distingue —como explica A. Gomila [21]— entre el *representamen*, que es el signo lingüístico en cuanto objeto material, el *objeto*, al que se refiere el *representamen*, y el *interpretante*, efecto mental del *representamen* en el intérprete. También aquí encuentra la abducción una importante función, al considerar Peirce que el modo en que el *representamen* determina el *interpretante* es siempre mediante una inferencia abductiva.

Donde más se ha discutido la relevancia de la abducción es en la Filosofía de la Ciencia, al cuestionar su importancia en los procesos de descubrimiento científico. Es habitual la distinción entre el *contexto de descubrimiento*, en que se elabora cierta teoría científica, y el *contexto de justificación*, en que dicha teoría se establece. Si bien resultan más o menos claros los modos en que se lleva a cabo la justificación científica —el experimento en ciencias empíricas, la demostración en ciencias formales, etc.— no ocurre lo mismo con los procesos de descubrimiento. Es en este contexto donde se sitúa la polémica sobre la importancia del razonamiento abductivo. Autores como Lipton [33] —quien sostiene que el descubrimiento científico se realiza al modo de una *inferencia de la mejor explicación*— defienden la importancia del razonamiento explicativo en la ciencia. Sin embargo, existen otras propuestas más críticas con la relevancia que pueda tener la abducción.

Seguiremos a S. Paavola [39] para comentar los argumentos clásicos que se han formulado en contra de que la abducción se pueda comprender como una lógica del descubrimiento. Una primera crítica consiste en que según el esquema de inferencia abductiva que proporciona Peirce —(*CP 5.189, 1903*), ver más arriba— el único requisito que se exige a la hipótesis *A* que debe explicar cierto hecho sorprendente *C* es que si *A* fuera verdadera entonces *C* sería algo común. Sin embargo, no se exige que la hipótesis *A* sea algo esperable, por lo que el criterio es demasiado permisivo. En esta línea, Achinstein proporciona algunos ejemplos de inferencias abductivas absurdas. Según uno de estos ejemplos, si encontramos a algún amigo que dice estar feliz por cierta noticia que ha recibido, podríamos abducir la hipótesis de que su felicidad se debe a que la noticia que ha recibido es que ha ganado el premio Nobel de literatura, porque en tal caso sería normal que estuviese muy feliz. Pero posiblemente no tengamos ninguna razón para suponer que nuestro amigo haya sido siquiera propuesto por nadie para el Nobel de literatura.

Otro grupo de críticas que recoge Paavola son las que defienden que la abducción no puede constituir una lógica del descubrimiento porque la hipótesis ya está incluida, de uno u otro modo, en las premisas, pues antes de abducir *A* ya debemos saber que *A* explicaría *C*, según el esquema de Peirce. Sin embargo, el descubrimiento científico introduce nuevas ideas en la ciencia, por lo que no podría ser el resultado de una inferencia abductiva. En este sentido, algunos autores relegan la abducción a un lugar intermedio entre el descubrimiento y la justificación. Dicho lugar sería el de la evaluación preliminar de las hipótesis ya descubiertas —de alguna otra forma—, antes de su justificación. Según estas tesis, el contexto de descubrimiento permanece como algo inexplicable, que cae fuera del análisis conceptual.

Para defender la abducción como lógica del descubrimiento, Paavola acude a la distinción que hace Hintikka, partiendo de la teoría de juegos, entre *reglas definidoras* y *reglas estratégicas*. Son reglas definidoras las que establecen los movimientos legales de un juego. Por el contrario las reglas estratégicas determinan cuál, de entre los movimientos legales, es el más acertado. Hintikka piensa que la lógica ha estado durante mucho tiempo centrada exclusivamente en las reglas definidoras de los cálculos, pero se ha atendido poco a las condiciones necesarias para obtener una prueba estratégicamente —según algún criterio que vaya más allá de la corrección— buena.

Siguiendo estas ideas, Paavola indica que es necesario incluir las estrategias en la caracterización del razonamiento abductivo. Así, la hipótesis explicativa no solo debe cumplir que si fuera verdadera entonces lo sería también la observación que pretende explicar. Ahora, la hipótesis debe ser además estratégicamente buena. Entonces, la hipótesis de que a nuestro amigo le han concedido el Nobel de literatura resulta bastante inapropiada, por ser estratégicamente pésima, ya que seguramente es falsa.

Respecto del segundo tipo de objeciones recogidas, Paavola recurre al mismo Peirce:

> Es verdad que los diferentes elementos de la hipótesis estaban antes en nuestra mente; pero es la idea de relacionar lo que nunca antes habíamos soñado relacionar lo que ilumina de repente la nueva sugerencia ante nuestra contemplación (*CP 5.181, 1903*).

En efecto, lo que la hipótesis sugiere puede ser algo ya conocido. Pero ello no implica que la hipótesis deje de ser creativa, pues probablemente nunca se había pensado en ella como explicativa del fenómeno para el que ahora se emplea. A propósito de esto, Paavola recuerda que muchas de las ideas de Darwin no eran novedosas en su tiempo si se las considera por separado —ni siquiera la misma idea de evolución—. Pero la originalidad de Darwin consistió en relacionar todas esas ideas y aplicarlas para explicar unos fenómenos que ninguna de tales ideas, en solitario, habría podido explicar.

Sin ninguna duda, el campo donde más aplicaciones encuentra hoy día el razonamiento abductivo es la Inteligencia Artificial. En 1965, tras diez años de investigación en Demostración Automática, Robinson [47] aporta una idea que resultó sumamente fructífera: la combinación de resolución y unificación.

Con ello, se reducía considerablemente el número de términos del universo de Herbrand que hacía falta en las pruebas, pues gracias a la idea de Robinson solo se genera un nuevo término cuando resulta necesario para buscar contradicciones. Partiendo de estas ideas, en los años 70 aparece Prolog, de la mano de Colmerauer y Kowalski, al sistematizar trabajos anteriores como los de Boyer y Moore, que habían desarrollado algoritmos de unificación según las ideas de Robinson.

Con Prolog aparece la Programación Lógica, lo que supone un fuerte impulso para muchas de las áreas de la Inteligencia Artificial. También el razonamiento abductivo recibe un amplio tratamiento dentro de la Programación Lógica. En 1993, A.C. Kakas, R.A. Kowalski y F. Toni publican su trabajo *Abductive Logic Programming*, donde dan cuenta de numerosas aplicaciones que la abducción había encontrado ya en el marco de la Programación Lógica. En 1998, bajo el título *The Role of Abduction in Logic Programming* [27], revisan el trabajo de 1993. Las aplicaciones del razonamiento abductivo en Inteligencia Artificial de que dan cuenta en este trabajo son:

Diagnosis. Como ya hemos comentado, la abducción está a la base de los procesos de diagnosis. Por ello, cuando se trata de automatizar este tipo de procesos, también es frecuente que se emplee el razonamiento abductivo, especialmente en el campo conocido como *diagnosis basada en modelos*. En este caso, se cuenta con una teoría que describe el comportamiento *normal* del sistema que va a diagnosticarse, y la abducción consiste en crear hipótesis de tipo "el componente *A* del sistema funciona de forma anómala", que deben explicar por qué todo el sistema funciona de modo anormal.

Visión de alto nivel. La visión artificial es usada en numerosas aplicaciones, tales como los sistemas de vigilancia. En este caso, las observaciones que se explican abductivamente son las imágenes parciales de los objetos que puede proporcionar una cámara. Las hipótesis explicativas son los objetos que producen tales imágenes.

Comprensión del lenguaje natural. También se emplea la abducción en los sistemas de *Procesamiento del Lenguaje Natural*, en este caso para interpretar oraciones ambiguas. Las hipótesis abductivas, ahora, son las posibles interpretaciones, determinándose por el contexto cuál es la más plausible.

Planificación. La planificación es una de las áreas de la Inteligencia Artificial con más aplicaciones industriales. En este caso, la observación que debe explicarse es el *estado objetivo* que debe alcanzarse, y la explicación es el *plan* que para ello es necesario llevar a cabo. La mejor explicación corresponderá al mejor —más corto, más económico, etc.— plan.

Asimilación de conocimientos. Muchas de las aplicaciones de la Inteligencia Artificial están relacionadas con la representación y asimilación de conocimientos. En este caso, puede emplearse la abducción para aumentar las bases de conocimientos no tanto por acumulación sino más bien por asimilación de los nuevos datos. Así, al llegar un nuevo dato, se incorporan a la base de conocimientos las hipótesis capaces de explicar dicho dato.

Razonamiento por defecto. El razonamiento por defecto, que permite la aplicación de ciertas reglas generales en ausencia de contradicciones, se emplea frecuentemente para modelar sistemas en que no es posible razonar según los parámetros de la lógica clásica. Como indica P. Flach [20], el razonamiento por defecto puede ser comprendido abductivamente.

En cuanto a las técnicas empleadas para implementar la abducción, debemos tener en cuenta que los programas lógicos son ejecutados mediante pruebas por resolución, de modo que la demostración de que el hecho A es una consecuencia del programa lógico P se hace mediante una prueba por resolución SLD[7] de que la negación de A es contradictoria con P. Sin embargo, si A no es consecuencia lógica de P, la prueba por resolución SLD llega a un estado que puede representarse como un árbol tal que ninguna de sus ramas alcanza el objetivo. Cada una de tales ramas termina en lo que se conoce como un *final muerto* —dead end, en inglés—, que contiene los hechos que sería necesario probar para que A quedase establecido. Pues bien, precisamente a partir de tales finales muertos se construyen las hipótesis abductivas, pues asumiendo su contenido se dispone de una explicación de A. Este es el proceder que siguen, por ejemplo, P. Flach [20] y D. Poole, A. Mackworth, y R. Goebel [42] en los programas abductivos que proponen. También está basada en este mismo sistema la propuesta de M. Denecker y D. De Schreye [15] de implementar lo que llaman resolución SLDNFA, un procedimiento abductivo que aprovecha la información contenida en los finales muertos de las pruebas fallidas en los programas lógicos.

El desarrollo de las numerosas aplicaciones que como hemos visto encuentra la Programación Lógica Abductiva, ha llevado también a la proliferación de numerosas técnicas para optimizar la búsqueda de explicaciones, de por sí bastante compleja. Una que nos parece interesante destacar aquí es el empleo de predicados *abducibles*. Dada una cierta teoría, se califica de *abducibles* solo a ciertos predicados, de forma que son tales predicados los únicos que podrán aparecen en las explicaciones. Obsérvese que de esta forma se sale al paso del primero de los dos tipos de críticas a la abducción que recoge Paavola, y que antes comentamos: la crítica de que la explicación podría ser cualquier cosa, lo que llevaba a Achinstein a formular ejemplos de hipótesis absurdas. Ahora, por ejemplo, solo calificaríamos de abducibles, para explicar la felicidad de nuestro amigo, aquellos predicados que de alguna forma se relacionen con su entorno. Por tanto, el uso de predicados abducibles lleva a la abducción a depender del contexto en que se realiza.

Otros elementos interesantes desarrollados en el marco de la Programación Lógica Abductiva son los criterios preferenciales que habitualmente se establecen para considerar mejores unas explicaciones que otras. Criterios basados en la longitud de una explicación —cantidad de hechos que supone—; en la

---

[7]En el apéndice B presentamos una introducción a Prolog, donde explicamos más detalladamente la resolución SLD.

preferencia por explicaciones últimas, no explicables a su vez dentro de la teoría, etc.

1.3. Problemas abiertos

Terminamos este capítulo recogiendo los principales problemas que aparecen al tratar de desarrollar una lógica abductiva. J. Hintikka [24], para quien la caracterización del razonamiento abductivo es el problema fundamental de la epistemología contemporánea, proporciona, siguiendo a T. Kapitan [28], cuatro tesis, a modo de acercamiento a los principales rasgos de la abducción:

Tesis inferencial. La abducción es, o incluye, un *proceso* inferencial.

Tesis de objetivo. El propósito de la abducción científica es doble: en primer lugar generar nuevas hipótesis y posteriormente seleccionar las mejores para su análisis.

Tesis de comprensión. La abducción científica incluye todas las operaciones por las que se engendran las teorías.

Tesis de autonomía. La abducción es un tipo de razonamiento irreductible tanto a la deducción como a la inducción.

Al hilo de estas cuatro tesis vamos a preguntarnos si, fiel a los anteriores rasgos, es posible una *lógica abductiva*. M. Hoffmann [25], quien también se hace esta pregunta, considera que para hablar de una lógica de la abducción debemos considerar una noción de lógica más abierta que la imperante, de tipo deductivo o analítico, dedicada únicamente a "definir la validez de llegar a una verdad desde otra verdad".

En cuanto a la primera de las tesis de Kapitan, la inferencial, nos indica que debemos pensar en la abducción como un *proceso*. J. van Benthem [7] considera que debido a la influencia de las Ciencias de la Computación en la Lógica, en las últimas décadas se ha producido lo que él llama un *giro dinámico*. Si tradicionalmente la lógica se ha ocupado de tareas *declarativas*, ya sea la representación del conocimiento o la definición de las relaciones de consecuencia, ahora la atención se ha vuelto sobre los *procesos* de inferencia. Entonces, "la representación de la información no puede separarse de los procesos que usan y transforman dicha información". J. van Benthem contrapone los *procesos* a sus correspondientes *productos*, constatando que el giro dinámico que ha experimentado la lógica se centra, en primer lugar, en los primeros.

También la *tesis inferencial* resalta el carácter de proceso del razonamiento abductivo. No solo resultan interesantes las hipótesis que se generan, o las propiedades que verifican, sino que, en primer lugar, interesan los procesos que engendran tales hipótesis. En este sentido, Hintikka observa que el propio Peirce se refiere a la abducción como un método de generar buenas conjeturas. La idea de *método* alude a este carácter de proceso. Por tanto, la primera de las tesis nos impone que para que exista una lógica abductiva, debe seguir un método abductivo. Es decir, si quisiéramos calificar de abductivo cierto sistema formal, no solo tendrían que ser buenas hipótesis los productos de sus inferencias, sino que el propio proceder de las inferencias debería ser, en algún sentido, abductivo. Esta exigencia deja fuera ciertos acercamientos formales a la abducción en que los productos son aceptables, pero cuyos procesos difícilmente son reconocibles como abductivos.

La segunda tesis nos habla de un doble propósito de la abducción: la *generación* de hipótesis y la *selección* de las mejores. Esta distinción se relaciona con la que Hintikka hace, como hemos comentado, entre reglas definidoras y reglas estratégicas. Aunque la generación de las hipótesis pudiera realizarse exclusivamente mediante reglas definidoras, para la selección de las mejores necesitamos reglas estratégicas. Entran en juego los criterios preferenciales para elegir una hipótesis como mejor que las demás, aunque todas puedan explicar igualmente los hechos. Por tanto, el proceso abductivo debe incluir tanto la generación de hipótesis explicativas como la selección de las mejores, o preferibles, según algún criterio.

La tercera tesis, de comprensión, defiende la abducción como una lógica para la generación de nuevas teorías científicas. Como más arriba hemos comentado, en esta idea no coinciden todos los autores. En cualquier caso, esto nos dice que una lógica abductiva debe reunir suficientes herramientas como para engendrar teorías. En este sentido, consideramos fundamental que también fuera posible profundizar en los procesos mentales que acompañan a las inferencias abductivas humanas.

Por último, la tesis de autonomía nos previene contra la reducción —frecuente en ciertos formalismos— de la abducción a deducción o inducción. Los procesos abductivos deben ser irreductibles a la deducción o a la inducción. En esta línea, Hoffmann [25] considera que una lógica abductiva debe ser una "lógica contextualizada", ya que —según este autor— la articulación concreta de los diversos contextos en una situación determina de manera específica el campo de las hipótesis posibles. Esta contextualización distingue la abducción de cualquier otra forma de razonamiento.

En ocasiones Peirce se refiere a la abducción como "retroducción". Este término ha sugerido a ciertos autores la definición de la abducción como deducción hacia atrás, en el sentido de que se parte de una "conclusión" y debe encontrarse la "premisa" que falta. En ocasiones se ha querido ver una dualidad entre la deducción y la abducción, considerándolas dos formas diferentes y complementarias de recorrer —hacia adelante y hacia atrás— los mismos argumentos. La sugerencia de esta dualidad nos parece de un interés suficiente como para considerar su elucidación otro de los objetivos a los que debiera enfrentarse una lógica abductiva.

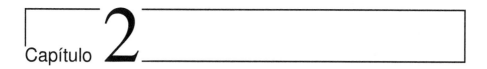

Capítulo 2

La abducción en la lógica

2.1. Preliminares lógicos

Comenzamos por introducir los elementos básicos de lógica proposicional que serán empleados posteriormente. En primer lugar, definimos el lenguaje proposicional.

Definición 2.1 (Lenguaje proposicional) *El lenguaje formal $\mathcal{L}_p$ consta de:*

1. Operadores lógicos proposicionales: $\neg$, $\wedge$, $\vee$, $\rightarrow$, $\leftrightarrow$, *llamados* negación, conjunción, disyunción, implicación *y* doble implicación, *respectivamente.*

2. $\mathcal{P}$, *conjunto de las* variables proposicionales, *que representaremos mediante letras minúsculas del alfabeto latino, con índices cuando sea necesario.*

3. *FOR($\mathcal{L}_p$), conjunto de fórmulas de $\mathcal{L}_p$, que es el más pequeño que verifica*

    a) *Si $\alpha \in \mathcal{P}$, entonces $\alpha \in$ FOR($\mathcal{L}_p$), y además a α se le llama fórmula atómica,*

    b) *Si $\alpha \in$ FOR($\mathcal{L}_p$), entonces $\neg\alpha \in$ FOR($\mathcal{L}_p$),*

    c) *Si $\alpha, \beta \in$ FOR($\mathcal{L}_p$), entonces*

$$(\alpha) \vee (\beta), \ (\alpha) \wedge (\beta), \ (\alpha) \rightarrow (\beta), \ (\alpha) \leftrightarrow (\beta) \in FOR(\mathcal{L}_p).$$

En adelante, salvo que se especifique lo contrario, emplearemos letras griegas minúsculas para referirnos a fórmulas de $\mathcal{L}_p$, tal como hemos hecho en la anterior definición. Igualmente, usaremos letras griegas mayúsculas para referirnos a conjuntos de fórmulas de $\mathcal{L}_p$. Así, mediante $\alpha \in \mathcal{L}_p$ indicamos que α es una fórmula proposicional, mientras que con $\Gamma \subset \mathcal{L}_p$ expresamos que Γ es un conjunto de fórmulas proposicionales.

A las fórmulas no atómicas las llamamos *complejas* o *moleculares*. Además, tanto a las fórmulas atómicas —variables proposicionales— como a sus negaciones, las llamamos *literales*. Cada literal γ será o bien *positivo*, si $\gamma \in \mathcal{P}$, o negativo, si γ es $\neg\lambda$ y $\lambda \in \mathcal{P}$. Por tanto, si $\eta \in \mathcal{P}$, decimos que η y $\neg\eta$ son literales complementarios. En ciertas ocasiones usaremos la notación $\overline{\lambda}$ para referirnos al literal complementario —positivo o negativo— del literal —negativo o positivo, respectivamente— λ.

Decimos que β es una subfórmula de α si y solo si[1] β es una fórmula que o bien es α o forma parte de la fórmula α. El *alcance* de un operador lógico viene dado por las subfórmulas mayores a las que tal operador afecta. Así, el alcance del negador en $\neg(\alpha)$ es α, el alcance del disyuntor en $(\alpha) \vee (\beta)$ son las subfórmulas α y β, y así sucesivamente.

Cuando el alcance de un operador lógico pueda determinarse sin ambigüedad, podemos prescindir de algunos paréntesis. Así, podemos escribir $p \rightarrow q$ en vez de $(p) \rightarrow (q)$. Esto también es válido cuando se emplean letras griegas minúsculas para representar esquemas de fórmulas. Así, usaremos $\alpha \wedge \beta$ para representar $(\alpha) \wedge (\beta)$, por ejemplo. Aún pueden eliminarse más paréntesis teniendo en cuenta la *precedencia* de cada operador, que determina —de modo convencional— el modo en que debe desambiguarse la estructura de una fórmula en ausencia de paréntesis, de forma que el alcance de cada operador sea mayor cuanto mayor es su precedencia. El orden de los operadores lógicos de menor a mayor precedencia es: $\neg, \wedge, \vee, \rightarrow, \leftrightarrow$.

Llamamos *grado lógico* de una fórmula al número de operadores lógicos que contiene. Así, el grado lógico de los literales positivos es 0, y el de los negativos 1. Igualmente, si n y m son, respectivamente, los grados lógicos de α y β, tenemos que el grado lógico de $\neg\alpha$ será $n + 1$, y el grado lógico de $\alpha \wedge \beta$, $\alpha \vee \beta$, $\alpha \rightarrow \beta$ y $\alpha \leftrightarrow \beta$ será $m + n + 1$. La noción de grado lógico de una fórmula será importante para hacer inducción en la demostración de ciertos teoremas.

Definición 2.2 (Valoración booleana) *Una* valoración booleana —o *simplemente* valoración, o interpretación— *es una función*

$$v : FOR(\mathcal{L}_p) \mapsto \{0, 1\}$$

de forma que para cada variable proposicional $\gamma \in \mathcal{P}, v(\gamma) \in \{0, 1\}$, *y para cada* $\alpha, \beta \in \mathcal{L}_p$,

1. $v(\neg\alpha) = 1$ *syss* $v(\alpha) = 0$.

2. $v(\alpha \vee \beta) = 1$ *syss* $v(\alpha) = 1$ *ó* $v(\beta) = 1$.

3. $v(\alpha \wedge \beta) = 1$ *syss* $v(\alpha) = 1$ *y* $v(\beta) = 1$.

4. $v(\alpha \rightarrow \beta) = 1$ *syss* $v(\alpha) = 0$ *ó* $v(\beta) = 1$.

5. $v(\alpha \leftrightarrow \beta) = 1$ *syss* $v(\alpha) = v(\beta)$.

---

[1] En muchas ocasiones abreviaremos la expresión "si y solo si" mediante "syss", especialmente en la enunciación y demostración de teoremas.

A $v(\alpha)$ lo llamamos el *valor de verdad* de α para la valoración v, que siempre será 0 —falso— o 1 —verdadero—. De los razonamientos en que, haciendo uso de la definición 2.2, se infiera el valor de verdad de una fórmula a partir del valor de verdad de sus subfórmulas, o viceversa, decimos que operan *por evaluación de* los operadores lógicos que entren en juego. Así por ejemplo, desde $v(\alpha) = 1$ y $v(\beta) = 0$ inferimos, *por evaluación de la implicación,* que $v(\alpha \to \beta) = 0$.

Definición 2.3 (Satisfactibilidad) *Una fórmula $\alpha \in \mathcal{L}_p$ es* satisfactible *syss existe una valoración booleana v tal que $v(\alpha) = 1$, en cuyo caso decimos que v satisface α. Asimismo, un conjunto $\Gamma \subset \mathcal{L}_p$ es simultáneamente satisfactible —o simplemente satisfactible, si no conduce a ambigüedad— syss existe una valoración v tal que para cada $\alpha \in \Gamma$, $v(\alpha) = 1$. En tal caso decimos que v satisface Γ.*

En adelante, indicaremos que la valoración v satisface la fórmula α mediante $v \vDash \alpha$. También, mediante $v \vDash \Gamma$ expresamos que v satisface simultáneamente a Γ. Cuando una valoración v satisfaga cierta fórmula $\alpha \in \mathcal{L}_p$ (o cierto conjunto $\Gamma \subset \mathcal{L}_p$), diremos también que v es un *modelo* de α (o de Γ).

Definición 2.4 (Consecuencia lógica, independencia) *Una fórmula $\alpha \in \mathcal{L}_p$ es* consecuencia lógica *de un conjunto $\Gamma \subset \mathcal{L}_p$, en símbolos $\Gamma \vDash \alpha$, syss toda valoración que satisface Γ también satisface α. En otro caso, decimos que α es* semánticamente independiente *—o simplemente* independiente— *de Γ, lo que en símbolos expresamos como $\Gamma \nvDash \alpha$.*

Definición 2.5 (Validez universal) *Una fórmula $\alpha \in \mathcal{L}_p$ es* universalmente válida, *en símbolos[2] $\vDash \alpha$, syss para toda valoración v, $v(\alpha) = 1$. A las fórmulas universalmente válidas las llamamos* tautologías. *Igualmente, decimos que $\Gamma \subset \mathcal{L}_p$ es un conjunto de fórmulas universalmente válido, en símbolos $\vDash \Gamma$, syss para toda valoración v se cumple que $v \vDash \Gamma$. El conjunto de fórmulas vacío, $\varnothing$, es universalmente válido.*

Definición 2.6 (No satisfactibilidad) *Una fórmula $\alpha \in \mathcal{L}_p$ es* no satisfactible, *en símbolos $\alpha \vDash \bot$, syss no existe ninguna valoración v tal que $v(\alpha) = 1$. Decimos de una fórmula no satisfactible que es* contradictoria. *Igualmente, un conjunto $\Gamma \subset \mathcal{L}_p$ es* no satisfactible, *en símbolos $\Gamma \vDash \bot$, syss no existe ninguna valoración v tal que $v \vDash \Gamma$.*

El símbolo $\bot$ lo usaremos para representar una proposición siempre falsa, y puede tomarse como una abreviatura de cualquier fórmula no satisfactible, como $p \wedge \neg p$. Por ello, mediante $\alpha \vDash \bot$ se expresa que toda valoración v que satisfaga α debe satisfacer $\bot$ —o si se quiere $p \wedge \neg p$—, pero como ninguna valoración satisface $\bot$, tenemos que ninguna valoración satisface α.

Definición 2.7 (Contingencia) *Decimos de una fórmula $\alpha \in \mathcal{L}_p$ o de un conjunto $\Gamma \subset \mathcal{L}_p$ que son* contingentes *si no son ni universalmente válidos ni no*

---

[2]Como se observa, el símbolo $\vDash$ recibe varios usos. Lo usamos para expresar *satisfactibilidad*, relaciones de *consecuencia lógica* y *validez universal.*

satisfactibles. Es decir, que existe al menos una valoración v que satisface α —o Γ— y otra valoración v' que no satisface α —respectivamente, Γ—.

En adelante, para expresar que cierta fórmula β es consecuencia lógica del conjunto $\Gamma \cup \{\alpha_1, \ldots, \alpha_n\} \subset \mathcal{L}_p$, escribiremos indiferentemente $\Gamma \cup \{\alpha_1, \ldots, \alpha_n\} \vDash \beta$ o bien $\Gamma, \alpha_1, \ldots, \alpha_n \vDash \beta$.

A continuación presentamos algunos teoremas semánticos que se emplearán con frecuencia en los capítulos posteriores. Por esto, y por considerarlos elementales, en muchas ocasiones omitiremos su referencia.

Teorema 2.8 *Para cualesquiera $\Gamma \subset \mathcal{L}_p$ y $\alpha, \beta \in \mathcal{L}_p$, se cumple que*

$$\Gamma, \alpha \vDash \beta \quad syss \quad \Gamma \vDash \alpha \to \beta \tag{2.1}$$

$$\Gamma, \alpha \vDash \bot \quad syss \quad \Gamma \vDash \neg\alpha \tag{2.2}$$

$$\Gamma, \neg\alpha \vDash \bot \quad syss \quad \Gamma \vDash \alpha \tag{2.3}$$

Prueba. Comenzamos probando (2.1). Supongamos que $\Gamma, \alpha \vDash \beta$. Entonces toda valoración que satisfaga $\Gamma \cup \{\alpha\}$ satisface β. Ahora bien, sea v una valoración que satisface Γ. Entonces, por la definición 2.2 solo pueden ocurrir dos cosas:

- Que $v(\alpha) = 0$, en cuyo caso $v(\alpha \to \beta) = 1$.

- Que $v(\alpha) = 1$, pero en este caso v satisface $\Gamma \cup \{\alpha\}$, y por hipótesis v satisface β, es decir, $v(\beta) = 1$, pero por la definición 2.2 volvemos a tener $v(\alpha \to \beta) = 1$.

En ambos casos tenemos que $v(\alpha \to \beta) = 1$, luego $\Gamma \vDash \alpha \to \beta$.

Ahora probemos lo recíproco. Supongamos que $\Gamma \vDash \alpha \to \beta$. Entonces sea v una valoración que satisface $\Gamma \cup \{\alpha\}$. Esto, por la definición 2.3, implica que v satisface Γ, por lo que —definición 2.4— v satisface $\alpha \to \beta$, con lo que $v(\alpha) = 0$ ó $v(\beta) = 1$. Pero, por satisfacer v a $\Gamma \cup \{\alpha\}$, tenemos que $v(\alpha) = 1$, por lo que debe darse que $v(\beta) = 1$. Pero solo hemos supuesto que v satisface $\Gamma \cup \{\alpha\}$, de lo que concluimos $\Gamma, \alpha \vDash \beta$.

Pasemos a (2.2). Supongamos que se da $\Gamma, \alpha \vDash \bot$. Esto, por la definición 2.6, significa que no existe ninguna valoración que satisfaga $\Gamma \cup \{\alpha\}$. Entonces, sea v una valoración tal que $v \vDash \Gamma$. Por hipótesis, sabemos que $v(\alpha) = 0$, de donde, por evaluación del negador, $v(\neg\alpha) = 1$. Entonces, como este razonamiento vale para toda v que satisfaga Γ tenemos $\Gamma \vDash \neg\alpha$.

Ahora, supongamos que se cumple $\Gamma \vDash \neg\alpha$. Sea v una valoración que satisface Γ. Entonces, $v(\neg\alpha) = 1$, de donde, por evaluación del negador, $v(\alpha) = 0$. Como el razonamiento anterior vale para toda valoración que satisfaga Γ, tenemos que no es posible que ninguna valoración satisfaga simultáneamente Γ y α, de donde $\Gamma, \alpha \vDash \bot$.

Finalmente, para probar (2.3), comenzamos suponiendo $\Gamma, \neg\alpha \vDash \bot$. Sea v una valoración que satisface Γ. Entonces no puede ocurrir que $v(\neg\alpha) = 1$. Por tanto, $v(\neg\alpha) = 0$, y por evaluación del negador $v(\alpha) = 1$, de modo que $\Gamma \vDash \alpha$.

Igualmente, supongamos $\Gamma \vDash \alpha$. Sea v tal que $v \vDash \Gamma$. Entonces, tenemos que $v(\alpha) = 1$. De modo que toda valoración que satisfaga Γ satisface α. Por evaluación del negador, tenemos que entonces no existe ninguna valoración que satisfaga simultáneamente $\Gamma \cup \{\neg\alpha\}$, de donde $\Gamma, \neg\alpha \models \bot$. ∎

En el teorema anterior, la relación expresada en (2.1) se conoce como *teorema de la deducción*, y cumple una función muy importante en los *cálculos lógicos*. Nosotros la hemos presentado junto a (2.2) y (2.3) porque, a efectos de los desarrollos posteriores, las tres relaciones tendrán un papel muy semejante.

Corolario 2.9 *Para cualesquiera $\alpha, \beta \in \mathcal{L}_p$ se verifica:*

$$\alpha \models \beta \quad syss \quad \models \alpha \to \beta \tag{2.4}$$

$$\alpha \models \bot \quad syss \quad \models \neg\alpha \tag{2.5}$$

$$\neg\alpha \models \bot \quad syss \quad \models \alpha \tag{2.6}$$

Prueba. Las relaciones (2.4), (2.5) y (2.6) son, respectivamente, casos particulares de (2.1), (2.2) y (2.3), en que $\Gamma = \emptyset$. Las demostraciones son iguales considerando que, por la definición 2.5, $\emptyset$ es universalmente válido. ∎

Definición 2.10 (Equivalencia) *Dos fórmulas $\alpha, \gamma \in \mathcal{L}_p$ son equivalentes syss para toda valoración v,*

$$v(\alpha) = v(\gamma)$$

Corolario 2.11 *Dos fórmulas $\alpha, \gamma \in \mathcal{L}_p$ son equivalentes syss*

$$\models \alpha \leftrightarrow \gamma$$

Prueba. Este corolario es una consecuencia inmediata de las definiciones 2.10 y 2.2. Si α y γ son equivalentes, entonces para toda valoración v, $v(\alpha) = v(\gamma)$, lo cual, por evaluación de la doble implicación, resulta $v(\alpha \leftrightarrow \gamma) = 1$. Pero si para toda v se verifica que $v(\alpha \leftrightarrow \gamma) = 1$, entonces $\models \alpha \leftrightarrow \gamma$. Del mismo modo, si se verifica esto último, es que para toda v se cumple que $v(\alpha \leftrightarrow \gamma) = 1$, y por evaluación de la doble implicación, $v(\alpha) = v(\gamma)$, luego α y γ son equivalentes. ∎

Teorema 2.12 *Para cualesquiera $\alpha, \beta, \gamma \in \mathcal{L}_p$ se verifican las siguientes equivalencias:*

$$\models \neg\neg\alpha \quad \leftrightarrow \quad \alpha \tag{2.7}$$

$$\models (\alpha \vee \beta) \quad \leftrightarrow \quad (\beta \vee \alpha) \tag{2.8}$$

$$\models (\alpha \wedge \beta) \quad \leftrightarrow \quad (\beta \wedge \alpha) \tag{2.9}$$

$$\models \neg(\alpha \vee \beta) \quad \leftrightarrow \quad (\neg\alpha \wedge \neg\beta) \tag{2.10}$$

$$\models \neg(\alpha \wedge \beta) \quad \leftrightarrow \quad (\neg\alpha \vee \neg\beta) \tag{2.11}$$

$$\models (\alpha \to \beta) \quad \leftrightarrow \quad (\neg\alpha \vee \beta) \tag{2.12}$$

$$\models (\alpha \to \beta) \quad \leftrightarrow \quad \neg(\alpha \wedge \neg\beta) \tag{2.13}$$

$$\models \neg(\alpha \to \beta) \quad \leftrightarrow \quad (\alpha \wedge \neg\beta) \tag{2.14}$$

$$\models (\alpha \leftrightarrow \beta) \quad \leftrightarrow \quad (\alpha \wedge \beta) \vee (\neg\alpha \wedge \neg\beta) \tag{2.15}$$

$$\models \neg(\alpha \leftrightarrow \beta) \quad \leftrightarrow \quad (\alpha \wedge \neg\beta) \vee (\neg\alpha \wedge \beta) \tag{2.16}$$

$$\vDash (\alpha \wedge (\beta \vee \gamma)) \quad \leftrightarrow \quad ((\alpha \wedge \beta) \vee (\alpha \wedge \gamma)) \tag{2.17}$$

$$\vDash (\alpha \vee (\beta \wedge \gamma)) \quad \leftrightarrow \quad ((\alpha \vee \beta) \wedge (\alpha \vee \gamma)) \tag{2.18}$$

$$\vDash (\alpha \vee (\beta \vee \gamma)) \quad \leftrightarrow \quad ((\alpha \vee \beta) \vee \gamma) \tag{2.19}$$

$$\vDash (\alpha \wedge (\beta \wedge \gamma)) \quad \leftrightarrow \quad ((\alpha \wedge \beta) \wedge \gamma) \tag{2.20}$$

$$\vDash ((\alpha \wedge \beta) \vee (\alpha \wedge \neg\beta)) \quad \leftrightarrow \quad \alpha \tag{2.21}$$

$$\vDash ((\alpha \vee \beta) \wedge (\alpha \vee \neg\beta)) \quad \leftrightarrow \quad \alpha \tag{2.22}$$

Prueba. Sea v una valoración booleana cualquiera. Para probar cada una de las equivalencias que aparecen en el teorema 2.12, basta con demostrar que v satisface una de las dos subfórmulas syss satisface la otra, pues esto implica que el valor de verdad de ambas subfórmulas es el mismo para toda valoración posible. Por ello, para cada equivalencia, supondremos que el valor de verdad de la subfórmula de la izquierda es 1, y tendremos que probar que esto solo ocurre syss el valor de verdad de la subfórmula derecha es igualmente 1. Todos los razonamientos se realizan por evaluación de operadores lógicos. Por brevedad, indicamos la demostración solo de las primeras equivalencias, omitiendo las indicaciones.

Equivalencia (2.7): $v(\neg\neg\alpha) = 1$

$$\text{syss} \quad v(\neg\alpha) = 0$$
$$\text{syss} \quad v(\alpha) = 1$$

Equivalencia (2.8): $v(\alpha \vee \beta) = 1$

$$\text{syss} \quad v(\alpha) = 1 \ \text{ó} \ v(\beta) = 1$$
$$\text{syss} \quad v(\beta) = 1 \ \text{ó} \ v(\alpha) = 1$$
$$\text{syss} \quad v(\beta \vee \alpha) = 1$$

Equivalencia (2.9): $v(\alpha \wedge \beta) = 1$

$$\text{syss} \quad v(\alpha) = 1 \ \text{y} \ v(\beta) = 1$$
$$\text{syss} \quad v(\beta) = 1 \ \text{y} \ v(\alpha) = 1$$
$$\text{syss} \quad v(\beta \wedge \alpha) = 1$$

■

Teorema 2.13 (Teorema de intercambio) *Dadas las fórmulas* $\gamma_\alpha \in \mathcal{L}_p$, *de la que* α *es una subfórmula, y* γ_β *que difiere de* γ_α *solo en que una ocurrencia de* α *se ha reemplazado por* β, *se cumple que*

$$Si \ \vDash \alpha \leftrightarrow \beta, \ entonces \ \vDash \gamma_\alpha \leftrightarrow \gamma_\beta$$

Prueba. Procedemos por inducción sobre el grado lógico de γ_α. En el caso base, γ_α tiene grado 0, por lo que se trata de una variable proposicional, de modo que γ_α es α, ya que no contiene otra subfórmula. Entonces, γ_β será β, igualmente, por tanto, si $\vDash \alpha \leftrightarrow \beta$, resulta trivial que $\vDash \gamma_\alpha \leftrightarrow \gamma_\beta$.

Como hipótesis de inducción, consideremos que el teorema se cumple para fórmulas de grado lógico menor o igual a n. Sea entonces γ_α de grado lógico $n + 1$, α una subfórmula suya, y β otra fórmula. Supongamos que $\vDash \alpha \leftrightarrow \beta$. Puede ocurrir una de las siguiente cosas:

1. Que $\alpha = \gamma_\alpha$. En este caso, resulta trivial que $\beta = \gamma_\beta$, así como que $\vDash \gamma_\alpha \leftrightarrow \gamma_\beta$.

2. Que $\alpha \neq \gamma_\alpha$, por lo que α está contenida en γ_α sin ser ella misma. Entonces, según la forma de γ_α puede ocurrir:

   a) γ_α es $\neg\eta_\alpha$, y η_β resulta de η_α tras intercambiar la ocurrencia de α por β. Por hipótesis de inducción, $\vDash \eta_\alpha \leftrightarrow \eta_\beta$. Entonces, para cualquier v se cumple $v(\eta_\alpha) = v(\eta_\beta)$, y por evaluación del negador $v(\neg\eta_\alpha) = v(\neg\eta_\beta)$, pero como γ_β es $\neg\eta_\beta$, $\vDash \gamma_\alpha \leftrightarrow \gamma_\beta$.

   b) γ_α es $\delta_\alpha \vee \eta_\alpha$, y δ_β y η_β se obtienen desde δ_α y η_α reemplazando en alguna de las dos una ocurrencia de α por β. Por hipótesis de inducción, $\vDash \delta_\alpha \leftrightarrow \delta_\beta$ y $\vDash \eta_\alpha \leftrightarrow \eta_\beta$. Para cualquier valoración v se cumple que

$$v(\delta_\alpha) = v(\delta_\beta) \quad \text{y} \quad v(\eta_\alpha) = v(\eta_\beta)$$

   por lo que también

$$v(\delta_\alpha \vee \eta_\alpha) \quad = \quad v(\delta_\beta \vee \eta_\beta)$$

   pero como γ_β es $\delta_\beta \vee \eta_\beta$, entonces $\vDash \gamma_\alpha \leftrightarrow \gamma_\beta$.

Cuando γ_α es $\delta_\alpha \wedge \eta_\alpha$, o bien $\delta_\alpha \rightarrow \eta_\alpha$ o $\delta_\alpha \leftrightarrow \eta_\alpha$, la prueba es análoga al caso 2b.

■

Definición 2.14 (Conjunción elemental, disyunción elemental) *Una fórmula de $\mathcal{L}_p$ es una* conjunción elemental *syss es un literal o una conjunción de literales. Igualmente, decimos que es una* disyunción elemental *syss o bien es un literal o una disyunción de literales.*

Definición 2.15 (Formas normales) *Decimos que una fórmula de $\mathcal{L}_p$ está en* forma normal conjuntiva *syss es una conjunción de disyunciones elementales. Igualmente, decimos que está en* forma normal disyuntiva *syss es una disyunción de conjunciones elementales.*

Definición 2.16 (FNC y FND de una fórmula) *Dada una fórmula $\alpha \in \mathcal{L}_p$, representamos con $FNC(\alpha)$ una fórmula —no necesariamente única— que esté en forma normal conjuntiva y además se cumpla*

$$\vDash \alpha \leftrightarrow FNC(\alpha)$$

Del mismo modo, representamos con $FND(\alpha)$ una fórmula —no necesariamente única— que esté en forma normal disyuntiva y además se cumpla

$$\vDash \alpha \leftrightarrow FND(\alpha)$$

Teorema 2.17 (Construcción de formas normales) *Para cada fórmula* $\alpha \in \mathcal{L}_p$ *podemos encontrar* $FNC(\alpha)$ *y* $FND(\alpha)$.

Prueba. Para la demostración, presentaremos los procedimientos que nos permiten obtener, a partir de cualquier $\alpha \in \mathcal{L}_p$, las fórmulas $FNC(\alpha)$ y $FND(\alpha)$, mediante tres pasos.

1. **Eliminación de implicaciones**. En ambos casos se reemplaza en α cada subfórmula de la forma $\beta \to \gamma$ por $\neg\beta \vee \gamma$, y cada subfórmula de la forma $\beta \leftrightarrow \gamma$ por $(\alpha \wedge \beta) \vee (\neg\alpha \wedge \neg\beta)$. El resultado, al que llamamos α_1 será una fórmula sin implicaciones ni dobles implicaciones. Por tanto, α_1 solo contiene negaciones, conjunciones y disyunciones.

2. **Interiorización de negadores**. Para cada subfórmula de α_1 de la forma $\neg\beta$ se procede:

   a) Si β es una variable proposicional, se deja sin reemplazar,

   b) Si β es $\neg\gamma$, se reemplaza $\neg\beta$ por γ,

   c) Si β es $\gamma \wedge \eta$, se reemplaza $\neg\beta$ por $\neg\gamma \vee \neg\eta$,

   d) Si β es $\gamma \vee \eta$, se reemplaza $\neg\beta$ por $\neg\gamma \wedge \neg\eta$.

   Como en α_1 las negaciones solo podían afectar a variables proposicionales, a otras negaciones, o bien a conjunciones o disyunciones, tras aplicar estas transformaciones todas las veces posibles —es decir, hasta que cada subfórmula de tipo $\neg\beta$ que quede sea un literal—, el resultado, al que llamamos α_2, será una fórmula proposicional compuesta solo de variables proposicionales, conjunciones, disyunciones y negaciones que solo afectan a variables proposicionales.

3. **Aplicación de la propiedad distributiva**. A continuación se hace, partiendo de α_2,

   a) Para construir $FNC(\alpha)$, mientras haya subfórmulas de la forma $\beta \vee (\gamma \wedge \delta)$ o bien $(\gamma \wedge \delta) \vee \beta$ —es decir, con un conjuntor bajo el alcance de un disyuntor—, se reemplazan por $(\beta \vee \gamma) \wedge (\beta \vee \delta)$,

   b) Para construir $FND(\alpha)$, mientras haya subfórmulas de la forma $\beta \wedge (\gamma \vee \delta)$ o bien $(\gamma \vee \delta) \wedge \beta$ —es decir, con un disyuntor bajo el alcance de un conjuntor—, se reemplazan por $(\beta \wedge \gamma) \vee (\beta \wedge \delta)$.

Tras acabar este último paso, para $FNC(\alpha)$ no habrá ningún conjuntor bajo el alcance de un disyuntor, por lo que la fórmula resultante será una conjunción de disyunciones de literales, ya que las únicas negaciones que pueden ocurrir son de fórmulas atómicas. Por tanto, se trata de una conjunción de disyunciones elementales. Por la misma razón, para $FND(\alpha)$ se llega a una disyunción de conjunciones elementales. Por tanto, ya se cumple uno de los requisitos para poder considerar, a las fórmulas resultantes, las formas normales —conjuntiva y disyuntiva— de α, según la definición 2.16. Además, si repasamos los reemplazos que sucesivamente se han ido efectuando en α, todos se corresponden con equivalencias de las que aparecen en el teorema 2.12, de modo que por el teorema 2.13, tenemos que las formas normales resultantes son equivalentes a α, de forma que —por la definición 2.16— $FNC(\alpha)$ es la forma normal conjuntiva de α, así como $FND(\alpha)$ su forma normal disyuntiva.

■

Teorema 2.18 *Una fórmula* $\alpha \in \mathcal{L}_p$ *es universalmente válida syss en cada disyunción elemental de* $FNC(\alpha)$ *ocurren dos literales complementarios.*

Prueba. Dada α tal que $\vDash \alpha$, por el teorema 2.17, $\vDash FNC(\alpha)$. Pero $FNC(\alpha)$ tendrá la forma

$$(\delta_{1_1} \vee \ldots \vee \delta_{1_{j_1}}) \wedge \ldots \wedge (\delta_{n_1} \vee \ldots \vee \delta_{n_{j_n}})$$

$n \le 1$, siendo δ_{k_l} un literal, $1 \le k \le n, 1 \le l \le j_k$. Entonces, para toda valoración posible v, tenemos que $v(\delta_{k_1} \vee \ldots \vee \delta_{k_{j_k}}) = 1$, para cada k. Pero esto solo es posible si en cada disyunción elemental existen dos literales complementarios, ya que en otro caso es posible una valoración que no satisfaga alguna de las disyunciones elementales, pues basta solo con que el valor de verdad de cada uno de los literales de tal disyunción sea 0 bajo v.

Recíprocamente, si en cada disyunción elemental de $FNC(\alpha)$ existen dos literales complementarios, entonces para toda valoración v, ésta satisface cada disyunción elemental y, por evaluación del conjuntor, también satisface $FNC(\alpha)$, es decir, $\vDash FNC(\alpha)$, pero como $\vDash \alpha \leftrightarrow FNC(\alpha)$, $\vDash \alpha$. ■

Teorema 2.19 *Una fórmula* $\alpha \in \mathcal{L}_p$ *es no satisfactible syss en cada conjunción elemental de* $FND(\alpha)$ *ocurren dos literales complementarios.*

Prueba. Dada α tal que $\alpha \vDash \perp$, por el teorema 2.17, $FND(\alpha) \vDash \perp$. Pero $FND(\alpha)$ tendrá la forma

$$(\delta_{1_1} \wedge \ldots \wedge \delta_{1_{j_1}}) \vee \ldots \vee (\delta_{n_1} \wedge \ldots \wedge \delta_{n_{j_n}})$$

$n \le 1$, siendo δ_{k_l} un literal, $1 \le k \le n, 1 \le l \le j_k$. Entonces, para toda valoración posible v, tenemos que $v(\delta_{k_1} \wedge \ldots \wedge \delta_{k_{j_k}}) = 0$, para cada k. Pero esto solo es posible si en cada conjunción elemental existen dos literales complementarios, ya que en otro caso es posible una valoración que satisfaga alguna de las conjunciones elementales, pues basta solo con que el valor de verdad de cada uno de los literales de tal conjunción sea 1 bajo v.

Recíprocamente, si en cada conjunción elemental de $FND(\alpha)$ existen dos literales complementarios, entonces para toda valoración v, ésta no satisface ninguna conjunción elemental y, por evaluación del disyuntor, tampoco satisface $FND(\alpha)$, es decir, $FNC(\alpha) \vDash \perp$, pero como $\vDash \alpha \leftrightarrow FNC(\alpha)$, $\alpha \vDash \perp$. ■

2.2. Problema abductivo y solución abductiva

En esta sección introducimos las definiciones formales de *problema abductivo* y de *solución abductiva*, tal como serán empleadas durante el resto de este trabajo. Seguimos, en parte, a M.C. Mayer, F. Pirri [34] y A. Aliseda [2].

Usamos la notación $\langle A, B \rangle$ para referirnos al par ordenado de elementos A y B, como es habitual. Por tanto, con $\langle \Theta, \varphi \rangle$ representamos un par ordenado cuyo primer elemento es el conjunto $\Theta \subset \mathcal{L}_p$ y el segundo $\varphi \in \mathcal{L}_p$.

Definición 2.20 (Problema abductivo) *Decimos que $\langle \Theta, \varphi \rangle$ es un problema abductivo syss se verifican las dos siguientes condiciones*

$$\Theta \not\models \varphi \tag{2.23}$$

$$\Theta \not\models \neg\varphi \tag{2.24}$$

Aliseda [2] exige solo la condición (2.23) para considerar $\langle \Theta, \varphi \rangle$ un problema abductivo, y distingue entre *novedad*, que se produce cuando se cumple (2.24), y *anomalía*, que se da cuando $\Theta \models \neg\varphi$. En tanto que nos centraremos en la abducción novedosa, incluimos el requisito (2.23) en la definición 2.20.

Teorema 2.21 *Para cualesquiera $\Theta \subset \mathcal{L}_p$ y $\varphi \in \mathcal{L}_p$, si $\langle \Theta, \varphi \rangle$ es un problema abductivo, entonces se cumple que*

1. Θ es satisfactible.

2. φ es contingente.

Prueba. Si Θ no fuera satisfactible, tendríamos que $\Theta \models \bot$, y puesto que ninguna valoración satisface Θ, tampoco hay ninguna valoración que satisfaga $\Theta \cup \{\varphi\}$, por lo que $\Theta, \varphi \models \bot$. Pero esto, por el teorema 2.8 equivale a $\Theta \models \neg\varphi$, y por la definición 2.20 tenemos que $\langle \Theta, \varphi \rangle$ no puede ser un problema abductivo. Luego, si $\langle \Theta, \varphi \rangle$ es un problema abductivo, Θ debe ser satisfactible.

Del mismo modo, si φ no fuera contingente, entonces sería al caso de que φ es universalmente válida o bien no satisfactible. Si φ es universalmente válida se cumple $\Theta \models \varphi$, pues toda valoración satisface φ. Igualmente, si φ es no satisfactible, como ninguna valoración la satisface, tenemos que toda valoración satisface $\neg\varphi$, por evaluación del negador, y por tanto $\Theta \models \neg\varphi$. Entonces, si φ no es contingente, se cumple $\Theta \models \varphi$ o bien $\Theta \models \neg\varphi$. Pero en ambos casos $\langle \Theta, \varphi \rangle$ no sería un problema abductivo, por la definición 2.20. Por tanto, si $\langle \Theta, \varphi \rangle$ es un problema abductivo, φ debe ser contingente. ∎

Siguiendo a Aliseda, es posible distinguir varios tipos de soluciones. Nos interesarán las soluciones abductivas *planas*, *consistentes* y *explicativas*.

Definición 2.22 (Solución abductiva plana) *Sea $\langle \Theta, \varphi \rangle$ un problema abductivo. Decimos que α es una solución (abductiva) plana a dicho problema, syss*

$$\Theta, \alpha \models \varphi \tag{2.25}$$

A la relación (2.25) la llamamos requisito (abductivo) fundamental.

Definición 2.23 (Solución consistente) *Dado el problema abductivo $\langle \Theta, \varphi \rangle$, decimos que α es una solución (abductiva) consistente a tal problema, syss se cumple*

1. α es una solución abductiva plana a $\langle \Theta, \varphi \rangle$

2. Se verifica

$$\Theta, \alpha \nvDash \bot \tag{2.26}$$

A la relación (2.26) *la llamamos* requisito (abductivo) de consistencia.

Definición 2.24 (Solución explicativa) *Dado el problema abductivo* $\langle \Theta, \varphi \rangle$, *decimos que* α *es una* solución (abductiva) explicativa *a tal problema, syss se cumple*

1. α *es una solución abductiva consistente a* $\langle \Theta, \varphi \rangle$

2. Se verifica

$$\alpha \nvDash \varphi \tag{2.27}$$

A la relación (2.27) *la llamamos* requisito (abductivo) explicativo.

En un problema abductivo $\langle \Theta, \varphi \rangle$, el lugar que ocupa Θ es el de la teoría[3] base, y φ el de la observación que ha de explicarse. Asimismo, cada solución abductiva α será una explicación de φ en Θ. En lo sucesivo, emplearemos frecuentemente estas mismas letras griegas para referirnos tanto a problemas abductivos como a sus soluciones. Igualmente, cuando enunciemos teoremas o definiciones que tengan aplicaciones abductivas, usaremos frecuentemente estas mismas letras para que resulte más fácil apreciar su uso abductivo.

Ejemplo 2.25 (Soluciones abductivas) Consideremos $\Theta = \{p \to q, q \to r, \neg s\}$ y $\varphi = r$. Es fácil observar que $\langle \Theta, \varphi \rangle$ es un problema abductivo, ya que

$$p \to q, q \to r, \neg s \nvDash r$$

y

$$p \to q, q \to r, \neg s \nvDash \neg r$$

Veamos posibles explicaciones abductivas:

- s es una explicación plana, ya que $\Theta, s \vDash r$, pero no es consistente, dado que $\Theta, s \vDash \bot$. La fórmula s es un buen ejemplo de cómo una fórmula inconsistente con Θ explica cualquier cosa, al trivializar la teoría.

- La propia r es una explicación consistente, pero no explicativa, dado que trivialmente $r \vDash r$. Comprendemos, de esta forma, la importancia del requisito explicativo.

---

[3]En algunos contextos —como en el estudio de los sistemas axiomáticos—, es frecuente considerar que cierto conjunto de fórmulas Γ es una *teoría* cuando se verifica —habitualmente, entre otros requisitos— que, para toda fórmula α, si $\Gamma \vDash \alpha$, entonces $\alpha \in \Gamma$. En tal caso, se dice de Γ que es un conjunto de fórmulas *cerrado* bajo la relación de consecuencia lógica $\vDash$. Entonces, en $\mathcal{L}_p$, con la relación de consecuencia lógica que hemos definido, Γ sería siempre un conjunto infinito de fórmulas. Por tanto, en nuestro estudio —tal como es frecuente en otras aproximaciones al razonamiento abductivo—, consideramos que una teoría puede ser cualquier conjunto de fórmulas de $\mathcal{L}_p$, no necesariamente cerrado bajo $\vDash$.

- $p, q\ p \wedge q$ y $p \vee q$ son soluciones explicativas, dado que r no es consecuencia de ninguna de ellas aislada, sino que todas requieren de Θ para derivar r.

Teorema 2.26 *Para cualesquiera* $\Theta \subset \mathcal{L}_p$ *y* $\varphi \in \mathcal{L}_p$, *si* $\langle \Theta, \varphi \rangle$ *es un problema abductivo con al menos una solución explicativa, entonces se cumple que*

1. Θ *es contingente.*

2. φ *es contingente.*

Prueba. Sea $\langle \Theta, \varphi \rangle$ un problema abductivo, y α una solución explicativa suya. Por el teorema 2.21 tenemos ya probado que φ debe ser contingente, así como que Θ debe ser satisfactible. Por tanto, solo nos queda probar que Θ no es universalmente válida, ya que entonces, puesto que es satisfactible, estará probada su contingencia. Dado que α es una solución explicativa, por la definición 2.24 tenemos que se cumplen

$$\alpha \not\vDash \varphi \tag{2.28}$$

$$\Theta, \alpha \vDash \varphi \tag{2.29}$$

Ahora bien, supongamos que Θ fuera universalmente válida. Por (2.28) tenemos que existe una valoración v tal que $v(\alpha) = 1$ y $v(\varphi) = 0$. Pero puesto que si Θ es universalmente válida v satisface todas sus fórmulas y, siendo $v(\alpha) = 1$, tenemos que $v \vDash \Theta \cup \{\alpha\}$, por (2.29) llegamos a $v(\varphi) = 1$. Entonces encontramos una contradicción, ya que el valor de verdad de φ bajo v debe ser único. Por tanto, negamos nuestra última hipótesis, y concluimos que Θ no es universalmente válida. De forma que tanto Θ como φ deben ser contingentes.
∎

Respecto a los problemas abductivos que no tienen soluciones explicativas, no puede probarse que Θ deba ser contingente. De hecho, puede verificarse que, según la definición 2.20, $\langle \{p \vee \neg p\}, q \rangle$ es un problema abductivo, así como que q es una solución consistente a tal problema, según la definición 2.23, pero tanto el problema como la solución son sumamente triviales; el problema, por ser la teoría universalmente válida; y la solución, por ser igual a la observación.

Además, las soluciones no explicativas resultan poco interesantes, pues suponen asumir como explicación algo independiente de la teoría, cuando la principal motivación para el razonamiento abductivo es precisamente la contraria. Por ello, en este trabajo nos centraremos en los problemas abductivos que cuenten con soluciones explicativas. Serán también éstas las soluciones que busquemos.

Las definiciones 2.22–2.24 clasifican las soluciones abductivas de una forma que bien podemos llamar *semántica*, pues en cada caso se hace referencia a las relaciones de consecuencia lógica —en sentido clásico— que deben o no verificarse. Pero también podemos clasificar las soluciones abductivas por su forma *sintáctica*, es decir, según su estructura lógica. Siguiendo a Aliseda, distinguimos a continuación entre abducciones *atómicas, conjuntivas* y *complejas*[4].

---

[4]Aliseda, al tercer tipo de abducciones las llama *disyuntivas*, y son todas las del tipo $\alpha \vee \beta$, siendo α y β conjunciones elementales. Fácilmente se observa que las *explicaciones disyuntivas* de Aliseda son un subconjunto de nuestras *abducciones complejas*.

Definición 2.27 (Soluciones atómicas, conjuntivas, complejas) *Dada* α, *una solución abductiva a cierto problema abductivo,*

- *Si* α *es un literal, decimos que se trata de una* abducción atómica.

- *Si* α *es una conjunción de literales, decimos que se trata de una* abducción conjuntiva.

- *En otro caso, decimos que* α *es una* abducción compleja.

La primera observación que debemos hacer es que al decir que α es una abducción *atómica*, el sentido del término indica algo diferente a cuando decimos que α es una fórmula *atómica*. En este último caso, como hemos explicado, lo que indicamos con *atómica* es que α no contiene ningún operador, pues su grado lógico es 0. Sin embargo, esta propiedad no la comparten todas las abducciones *atómicas*, pues pueden ser también literales negativos, de grado 1. El sentido de *atómica* se refiere ahora a que consta de un solo literal. Dado que el adjetivo puede prestarse a ambigüedades, será siempre precedido del sustantivo correspondiente, distinguiendo entre *fórmula atómica* —grado lógico 0— y *abducción atómica* o *solución atómica* —literal— con lo que la ambigüedad desaparece.

Otra observación importante es que todas las abducciones atómicas pueden verse también como conjuntivas, si consideramos conjunciones de un solo literal, tal como hicimos en la definición 2.14. Entonces, las abducciones pueden clasificarse entre las que integran la clase formada por las atómicas y las conjuntivas, por un lado, y las complejas, por otro.

Así como al clasificar las abducciones en planas, consistentes y explicativas optamos por estas últimas, ahora elegimos las que son atómicas o conjuntivas. La razón para ello es que el conjunto de abducciones complejas resulta mucho menos abarcable, como posteriormente se verá.

Por tanto, buscaremos las soluciones conjuntivas —entre las que están las atómicas, como se ha observado— explicativas. Además, exigiremos que sean minimales, según el criterio que establece la siguiente definición.

Definición 2.28 (Solución minimal) *Dada una solución abductiva explicativa* α *para el problema abductivo* $\langle\Theta, \varphi\rangle$, *si* α *es la conjunción de literales* $\gamma_1 \wedge \ldots \wedge \gamma_n$, $n \geq 1$, *decimos que* α *es* minimal *syss no existe ningún* $\{\lambda_1, \ldots, \lambda_m\} \subset \{\gamma_1, \ldots, \gamma_n\}$, *tal que* $\lambda_1 \wedge \ldots \wedge \lambda_m$ *sea una solución abductiva explicativa al problema abductivo* $\langle\Theta, \varphi\rangle$.

La definición 2.28 exige que si α es una solución abductiva a cierto problema abductivo $\langle\Theta, \varphi\rangle$ y además α es una conjunción de literales, no exista ningún subconjunto propio de esos literales tal que su conjunción sea también una solución abductiva explicativa. Pero si unimos las tres relaciones que deben verificarse para que α sea solución abductiva explicativa, que son

$$\Theta, \alpha \vDash \varphi$$
$$\Theta, \alpha \nvDash \bot$$
$$\alpha \nvDash \varphi$$

es muy fácil observar que la única relación que puede romperse al quitar literales de α es la primera. Por tanto, cuando decimos que α es una solución minimal, estamos diciendo que para cualquier α' que sea una conjunción de un subconjunto propio de los literales de α se cumple

$$\Theta, \alpha' \nvDash \varphi.$$

Ejemplo 2.29 (Soluciones minimales) En el ejemplo 2.25 vimos que $p \wedge q$ era una posible solución abductiva explicativa al problema dado, pero también lo eran tanto p como q. Por tanto, $p \wedge q$ no es una solución minimal, dado que existe algún subconjunto propio de $\{p, q\}$ que también es una solución abductiva.

Existen otros criterios de minimalidad posibles, distintos del introducido en la definición 2.28. Por ejemplo, podemos estar interesados en seleccionar las soluciones semánticamente más débiles. Decimos que α es más débil que β syss $\beta \vDash \alpha$. En este sentido, la solución explicativa más débil de las mostradas en el ejemplo 2.25 es $p \vee q$, dado que es consecuencia de cualquiera de las otras.

El criterio de minimalidad resulta adecuado exigirlo a las explicaciones, pues supone la ausencia de literales sobrantes. Es decir, lo que significa que una solución abductiva explicativa conjuntiva sea minimal es que se trata de una conjunción tal que todos los literales que contiene son necesarios para que se cumpla el requisito fundamental. En otro caso, como hemos mostrado más arriba, se trataría de una conjunción de la que bien podrían eliminarse literales.

Resumiendo, para cada problema abductivo $\langle \Theta, \varphi \rangle$ nos interesarán, en principio, solo las soluciones que sean a la vez *explicativas*, según la definición 2.24, *atómicas* o *conjuntivas*, según la definición 2.27, y *minimales*, según la definición 2.28.

Además, será deseable establecer *criterios preferenciales*, es decir, algún tipo de rasgo que haga a algunas de las abducciones obtenidas preferibles a las demás. Más adelante veremos algunos de los criterios preferenciales posibles.

2.3. Análisis estructural

Como hemos visto en la sección anterior, tanto para que $\langle \Theta, \varphi \rangle$ pueda ser considerado un problema abductivo como para que α sea una solución explicativa, deben verificarse ciertas relaciones entre Θ, φ y α. En esta sección veremos cómo tales relaciones son muy sensibles a lo que podemos llamar el *estado de la teoría*, que en términos formales viene determinado por las fórmulas que componen Θ. A la propia definición de problema abductivo le ocurre esto, como muestra el siguiente ejemplo.

Ejemplo 2.30 Mientras que $\langle \{p \rightarrow q\}, q \rangle$ es un problema abductivo, según la definición 2.20, si añadimos a la teoría el literal p, tenemos que $\langle \{p, p \rightarrow q\}, q \rangle$ ya no lo es, puesto que la observación q es consecuencia lógica de la teoría $\{p, p \rightarrow q\}$.

Como veremos más adelante, también para que cierta fórmula α sea una solución a un problema abductivo $\langle \Theta, \varphi \rangle$ resulta determinante el estado de la teoría. Esto es sumamente interesante de cara al empleo de la abducción para formalizar ciertos razonamientos de sentido común, donde pequeños cambios en el estado de la teoría —lo que se piensa de las cosas— producen en ocasiones grandes cambios en las explicaciones que se consideran válidas. Para abordar formalmente esta cuestión, definimos la relación abductiva $\Rightarrow_a$.

Definición 2.31 (Relación de consecuencia abductiva) *Dados el conjunto de fórmulas* $\Theta \subset \mathcal{L}_p$ *y las fórmulas* $\varphi, \alpha \in \mathcal{L}_p$, *decimos que se cumple la relación* $\Theta \mid \varphi \Rightarrow_a \alpha$ *syss*

1. $\langle \Theta, \varphi \rangle$ *es un problema abductivo, según la definición 2.20.*

2. α *es una solución explicativa al problema abductivo* $\langle \Theta, \varphi \rangle$, *según la definición 2.24.*

Si no se verifica alguna de las dos condiciones anteriores escribimos $\Theta \mid \varphi \not\Rightarrow_a \alpha$.

Nos centramos en la abducción explicativa porque, como ya hemos argumentado, es la más interesante. Sin embargo, en la definición 2.31 no hemos exigido que α tenga ninguna forma lógica particular: podría ser atómica, conjuntiva o compleja.

Lo primero que observamos es que $\Rightarrow_a$ no es una función, pues dado cierto problema abductivo puede haber más de una —al permitirse abducciones complejas habrá infinitas— solución explicativa. En este sentido, la relación $\Rightarrow_a$ nos recuerda a la relación $\vDash$, que introdujimos en la definición 2.4, comúnmente conocida como *relación de consecuencia lógica clásica*. También para un mismo conjunto de fórmulas hay infinitas fórmulas que son consecuencia lógica, como puede comprobarse fácilmente. Sin embargo, lo que ahora más nos interesa es ver las diferencias entre ambas relaciones. La relación $\vDash$ tiene una serie de propiedades llamadas *estructurales*, que se representan mediante reglas de la forma

$$\frac{A_1 \ \dots \ A_n}{B}$$

indicando que siempre que se verifiquen todos los esquemas A_i, $1 \le i \le n$, se verificará el esquema B. Cada esquema tiene una forma del tipo $\Gamma \vDash \alpha$, siendo Γ cualquier conjunto de fórmulas y α cualquier fórmula. A continuación veremos las propiedades de $\vDash$ que nos parecen más interesantes para comparar con $\Rightarrow_a$. En parte, seguimos a G. Palau [40], S.C. Kleene [29] y A. Aliseda [2][5].

Teorema 2.32 *La relación de consecuencia lógica clásica* $\vDash$ *verifica —para cualesquiera* $\Gamma, \Lambda \subset \mathcal{L}_p$ *y* $\alpha, \beta \in \mathcal{L}_p$— *las siguientes propiedades estructurales*

- Reflexividad,

$$\frac{}{\Gamma \cup \{\alpha\} \vDash \alpha} \tag{2.30}$$

---

[5]Las reglas estructurales para la abducción que a continuación presentamos no son exactamente las que proporciona Aliseda. De todos modos, en esta sección, más que un estudio sistemático pretendemos mostrar cómo el razonamiento abductivo no posee las mismas propiedades estructurales de la lógica clásica, ya que ésta se ocupa del estudio de las inferencias deductivas, y la abducción es un modo de razonamiento diferente.

- Monotonía,

$$\frac{\Gamma \vDash \alpha}{\Gamma \cup \Lambda \vDash \alpha} \tag{2.31}$$

- Transitividad, *también llamada* regla de corte

$$\frac{\Gamma \vDash \alpha \quad \Lambda \cup \{\alpha\} \vDash \beta}{\Gamma \cup \Lambda \vDash \beta} \tag{2.32}$$

Prueba. En cuanto a la reflexividad, resulta trivial que cada fórmula sea conse-cuencia lógica de cualquier conjunto que la contenga, puesto que por definición toda valoración que satisfaga cualquier conjunto $\Gamma \cup \{\alpha\}$ satisface α. También es fácil demostrar la monotonía, puesto que si cada valoración que satisface Γ satisface α, también cada valoración que satisface $\Gamma \cup \Lambda$, puesto que por definición debe satisfacer Γ, satisface α.

Pasemos a la transitividad. Partimos de que se verifican

$$\Gamma \quad \vDash \quad \alpha \tag{2.33}$$

$$\Lambda \cup \{\alpha\} \quad \vDash \quad \beta \tag{2.34}$$

y tenemos que probar

$$\Gamma \cup \Lambda \vDash \beta \tag{2.35}$$

Ahora bien, sea v una valoración que satisface $\Gamma \cup \Lambda$. Entonces, por definición, v satisface Γ y v satisface Λ. Pero como satisface Γ, por (2.33) tenemos que v satisface α, y además como v satisface Λ se verifica que v satisface $\Lambda \cup \{\alpha\}$, de forma que por (2.34) probamos $v \vDash \beta$. Como este razonamiento vale para cada valoración que satisfaga $\Gamma \cup \Lambda$, llegamos a $\Gamma \cup \Lambda \vDash \beta$ (2.35). ∎

A una lógica cuya relación de consecuencia lógica no verifique alguna de las propiedades estructurales de $\vDash$, se le llama a veces *lógica subestructural*. Concretamente, a una lógica que no verifique la monotonía, que es la propiedad estructural más significativa de $\vDash$, se le llama *lógica no monótona*.

En (2.31) se puede apreciar que la monotonía de $\vDash$ consiste en que si se verifica $\Gamma \vDash \alpha$ siempre se va a verificar $\Gamma \cup \Lambda \vDash \alpha$ para cualquier Λ. Sin embargo, volviendo a la abducción, en el ejemplo 2.30 vimos que las relaciones que deben mantenerse entre Θ y φ para que $\langle \Theta, \varphi \rangle$ sea un problema abductivo, según la definición 2.20, pueden perderse si se añaden fórmulas a la teoría. Por tanto, en cierto sentido, la propia noción de problema abductivo no es monótona.

A continuación comprobaremos que las propiedades estructurales de $\vDash$ no se cumplen para $\Rightarrow_a$, pues resulta evidente que las modificaciones en el estado de la teoría pueden anular la relación abductiva. Como es esperable, esta relación no es monótona. Dadas Θ, φ y α tales que $\Theta \mid \varphi \Rightarrow_a \alpha$, es posible que exista una fórmula γ tal que $\Theta \cup \{\gamma\} \mid \varphi \Rightarrow_a \alpha$. A continuación mostramos las cinco condiciones que se deben dar para que se verifique $\Theta \mid \varphi \Rightarrow_a \alpha$ y comentamos cuáles de ellas pueden romperse si se añade γ a Θ, según sea γ,

1. $\Theta \nvDash \varphi$. En este caso, puede dejar de verificarse $\Theta \cup \{\gamma\} \nvDash \varphi$ por ejemplo si γ es φ, ya que por definición toda valoración que satisfaga $\Theta \cup \{\varphi\}$ satisface φ.

2. $\Theta \nvDash \neg\varphi$. También se deja de verificar $\Theta \cup \{\gamma\} \nvDash \neg\varphi$ si por ejemplo γ es $\neg\varphi$, pues toda valoración que satisfaga $\Theta \cup \{\neg\varphi\}$ satisface $\neg\varphi$.

3. $\Theta, \alpha \vDash \varphi$. En este caso, siempre ocurrirá que $\Theta \cup \{\gamma\}, \alpha \vDash \varphi$ para cualquier γ, por la propia monotonía de la relación de consecuencia lógica clásica.

4. $\Theta, \alpha \nvDash \bot$. Esta relación también se puede romper, por ejemplo si γ es $\neg\alpha$, pues por definición ninguna valoración puede satisfacer $\Theta \cup \{\alpha, \neg\alpha\}$.

5. $\alpha \nvDash \varphi$. Como la teoría no interviene en esta relación, siempre se mantendrá sea cual sea γ.

Por tanto, la relación $\Theta \mid \varphi \Rightarrow_a \alpha$ puede romperse si se añade γ a Θ porque dejen de verificarse las condiciones 1, 2 y 4 anteriores. Una observación que no hemos encontrado en otro sitio es que precisamente estas tres condiciones que pueden fallar son aquellas en las que por un lado está envuelta la teoría y que además lo que se verifica es que no se establezca cierta relación de consecuencia lógica clásica. Pero a esta observación podemos añadir otra trivial, que si bien la relación $\vDash$ es monótona, sin embargo no lo es $\nvDash$, ya que por ejemplo $p \nvDash q$ pero $p, q \vDash q$. Por esto, pensamos que la no monotonía de la relación abductiva $\Rightarrow_a$ depende en buena medida de la no monotonía de $\nvDash$.

Pasemos a la reflexividad, que referida a $\vDash$ significa, como indica (2.30), que toda fórmula es consecuencia lógica de cada conjunto que la contenga. En cuanto a $\Rightarrow_a$ no ocurre nada similar, es decir, nunca se verifica $\Theta \cup \{\alpha\} \mid \varphi \Rightarrow_a \alpha$ ya que ninguna fórmula α puede ser una solución abductiva explicativa si la teoría la contiene, como en $\langle \Theta \cup \{\alpha\}, \varphi \rangle$, pues dado que por la definición 2.20 esto implica que $\Theta \cup \{\alpha\} \nvDash \varphi$, es decir, que existe una valoración v tal que satisface $\Theta \cup \{\alpha\}$ pero no satisface φ, tendríamos, por definición, que v satisface $\Theta \cup \{\alpha\} \cup \{\alpha\}$ —que, por cierto, es igual a $\Theta \cup \{\alpha\}$— pero no a φ, por lo que no se verifica $\Theta \cup \{\alpha\} \cup \{\alpha\} \vDash \varphi$, de modo que no se cumple el requisito fundamental para que α pueda ser una solución abductiva de ningún tipo.

Aunque estamos tratando las modificaciones en la teoría, a propósito de la reflexividad vemos que tampoco puede ocurrir nunca $\Theta \mid \alpha \Rightarrow_a \alpha$, es decir, que la explicación sea la propia observación, pues entonces no se trata de una abducción explicativa, que es uno de los requisitos que impone la definición 2.31.

A propósito de la transitividad, una versión interesante de la regla de corte para la relación de consecuencia abductiva podría ser

$$\frac{\Theta_1 \mid \alpha \Rightarrow_a \gamma \quad \Theta_2 \mid \varphi \Rightarrow_a \alpha}{\Theta_1 \cup \Theta_2 \mid \varphi \Rightarrow_a \gamma} \tag{2.36}$$

pues indica que si desde la teoría Θ_2 puede explicarse φ con α, pero a su vez α puede ser explicada por γ en cierta teoría Θ_1, entonces en una teoría que acumule todo el conocimiento de Θ_1 y Θ_2 juntas φ puede explicarse con γ. La regla (2.36), sin embargo, no se verifica en todos los casos, pues si por ejemplo

$$
\begin{aligned}
\Theta_1 &= \{s \to p, \neg q\} \\
\Theta_2 &= \{p \to q\} \\
\alpha &= p \\
\gamma &= s \\
\varphi &= q
\end{aligned}
$$

tenemos que $\Theta_1 \mid \alpha \Rightarrow_a \gamma$ y $\Theta_2 \mid \varphi \Rightarrow_a \alpha$, pero sin embargo $\Theta_1 \cup \Theta_2 \mid \varphi \not\Rightarrow_a \gamma$, ya que $\Theta_1, \Theta_2 \vDash \neg\varphi$, por lo que ni siquiera es un problema abductivo $\langle \Theta_1 \cup \Theta_2, \varphi \rangle$.

Aliseda, tras constatar que la abducción no posee unas reglas estructurales equivalentes o asimilables a las de la relación de consecuencia lógica clásica, explora si al menos se cumple alguna de tales reglas, aunque sea en una versión *cautelosa*, con ciertas restricciones adicionales. La motivación para realizar este estudio es la duda que se podría presentar de llamar *lógica* a una relación de consecuencia que no tenga ninguna de las propiedades estructurales conocidas de la relación de consecuencia lógica clásica.

Volviendo a la monotonía, se verifican ciertas versiones de *monotonía cautelosa*, como por ejemplo

$$
\frac{\Theta \mid \varphi \Rightarrow_a \alpha}{\Theta, \gamma \mid \varphi \Rightarrow_a \alpha}*
$$

siendo la restricción indicada por ∗ que deben verificarse $\Theta, \gamma, \alpha \not\vDash \bot$ y $\Theta, \gamma, \neg\varphi \not\vDash \bot$.

También la regla (2.36) se verifica si se añaden restricciones, aunque en este caso en mayor número, pues deberían cumplirse $\Theta_1, \Theta_2 \not\vDash \varphi$, $\Theta_1, \Theta_2 \not\vDash \neg\varphi$ —estas dos para que $\langle \Theta_1 \cup \Theta_2, \varphi \rangle$ sea un problema abductivo—, $\Theta_1, \Theta_2, \gamma \not\vDash \bot$ y $\gamma \not\vDash \varphi$.

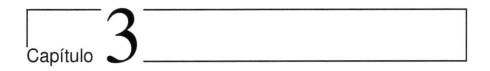

Capítulo 3

Abducción y tablas semánticas

Pasamos al estudio de la abducción en lógica proposicional, tomando como punto de partida el método que proponen Marta C. Mayer, Fiora Pirri [34] y Atocha Aliseda [2] para la generación de hipótesis explicativas a partir de tablas semánticas.

3.1. Tablas semánticas proposicionales

El método de las tablas semánticas [48] permite realizar una búsqueda sistemática de modelos para un conjunto de fórmulas dado. De esta forma, hace posible establecer relaciones de consecuencia lógica de un modo semántico. Así, para determinar mediante tablas semánticas si la fórmula β es consecuencia lógica del conjunto de fórmulas $\{\alpha_1, \ldots, \alpha_n\}$, se buscará, mediante una tabla semántica, un modelo para el conjunto de fórmulas $\{\alpha_1, \ldots, \alpha_n, \neg\beta\}$. En caso de que sea posible encontrar tal modelo, tendremos un contraejemplo para la relación de consecuencia lógica entre las fórmulas propuestas —al satisfacer las premisas pero no la conclusión—. En otro caso, si el conjunto de fórmulas dado no tiene modelo sabemos que

$$\alpha_1, \ldots, \alpha_n, \neg\beta \vDash \bot,$$

de donde[1],

$$\alpha_1, \ldots, \alpha_n \vDash \beta.$$

De entre las ventajas que presenta el método de las tablas semánticas, hay dos que lo hacen muy útil para su aplicación a la resolución de problemas abductivos:

1. Se trata de un método de carácter general. Aunque su formulación fue originalmente propuesta para la lógica clásica, es posible extender el

---

[1]Por el teorema 2.8. En adelante se omitirán las referencias a teoremas elementales.

procedimiento para lógicas no clásicas, como la lógica modal [4] o lógicas multivaluadas [3]. De esta forma, tomando las tablas semánticas
como base para procesos explicativos, puede esperarse que sea posible
su extensión a diferentes lógicas.

2. Su atractivo computacional. A pesar de que, desde su introducción, el
método de resolución de Robinson [47] supuso la casi completa preemi-
nencia de este cálculo dentro de los sistemas de demostración automática,
es posible realizar implementaciones muy eficientes —en ciertos casos
superando la eficiencia de la resolución— del cálculo de tablas semánticas, tal como Beckert y Posegga han mostrado con la realización de
lean$T^A P$ [5].

A continuación pasamos a la presentación formal del método de las tablas
semánticas para lógica proposicional.

Definición 3.1 (Tipos de fórmulas) *Clasificamos las fórmulas de $\mathcal{L}_p$ en las
cuatro clases siguientes:*
    1. Dobles negaciones. *Son las fórmulas de tipo $\neg\neg\varphi \in \mathcal{L}_p$.*
    2. Literales. *Son las fórmulas de tipo p o $\neg p$, para $p \in \mathcal{P}$.*
    3. Fórmulas α. *Son las que en la siguiente tabla aparecen debajo de la
primera columna —etiquetada con α—, siendo $\varphi, \psi \in \mathcal{L}_p$ cualesquiera fórmulas proposicionales:*

α	α_1	α_2
$\varphi \wedge \psi$	φ	ψ
$\neg(\varphi \vee \psi)$	$\neg\varphi$	$\neg\psi$
$\neg(\varphi \rightarrow \psi)$	φ	$\neg\psi$

*Para cada fórmula de tipo α, decimos de cada una de las dos fórmulas que
aparecen en su misma fila, pero en las columnas etiquetadas con α_1 y α_2, que
son, respectivamente, sus componentes α_1 y α_2.*
    4. Fórmulas β. *Son las que en la siguiente tabla aparecen debajo de la
primera columna —etiquetada con β—, siendo $\varphi, \psi \in \mathcal{L}_p$ cualesquiera fórmulas proposicionales:*

β	β_1	β_2
$\varphi \vee \psi$	φ	ψ
$\neg(\varphi \wedge \psi)$	$\neg\varphi$	$\neg\psi$
$\varphi \rightarrow \psi$	$\neg\varphi$	ψ
$\varphi \leftrightarrow \psi$	$\varphi \wedge \psi$	$\neg\varphi \wedge \neg\psi$
$\neg(\varphi \leftrightarrow \psi)$	$\varphi \wedge \neg\psi$	$\neg\varphi \wedge \psi$

*Para cada fórmula de tipo β, decimos de cada una de las dos fórmulas que
aparecen en su misma fila, pero en las columnas etiquetadas con β_1 y β_2, que
son, respectivamente, sus componentes β_1 y β_2.*

Observación 3.2 Por evaluación de los operadores lógicos se puede comprobar que dada cualquier fórmula $\varphi \in \mathcal{L}_p$ y cualquier valoración v,

- Si φ es de la clase α, entonces v satisface φ syss v satisface las dos componentes α_1 y α_2 de φ.

- Si φ es de la clase β, entonces v satisface φ syss v satisface al menos una de las dos componentes β_1 y β_2 de φ.

Observación 3.3 Es fácil comprobar que para cada fórmula proposicional que no sea un literal, la definición 3.1 la clasifica en una y solo una clase. Esta observación resultará útil en la demostración de los teoremas de corrección y completud del método de las tablas semánticas.

Una tabla semántica proposicional se construye como un árbol binario[2] cuyos nodos son fórmulas. Veamos la definición formal.

Definición 3.4 (Tabla semántica) *Una tabla semántica $\mathcal{T}(\Gamma)$ para un conjunto de fórmulas proposicionales $\Gamma \subset \mathcal{L}_p$ es un árbol que se construye partiendo de una rama que tiene $|\Gamma|$ nodos, que llevarán por nombre cada una de las fórmulas de Γ. Al principio, consideraremos tales nodos no usados. A continuación, se sigue el procedimiento no determinista[3] que establecen las siguientes reglas:*

*1. **Regla de cierre:** Si en cierta rama ocurren dos nodos φ y $\neg\varphi$, siendo φ cualquier variable proposicional, entonces consideramos dicha rama cerrada, detenemos su construcción y le añadimos al final un nuevo nodo que llamamos $\otimes$.*

*2. **Regla de doble negación:** Si en una rama hay un nodo $\neg\neg\varphi$ no usado, añadimos a cada rama que contenga este nodo un nuevo nodo que llamamos φ. El nodo $\neg\neg\varphi$ se considerará en adelante usado, y las φ añadidas, no usadas.*

*3. **Regla-α** Si en una rama hay un nodo no usado φ, siendo φ una fórmula de la clase α, continuamos la construcción de cada rama de la tabla que comparta el nodo φ añadiéndole el grafo de la figura 3.1, siendo fin el nodo que hasta ahora ocupaba el último lugar. Pasamos a considerar φ usado y todos los nodos α_1 y α_2 añadidos no usados.*

Figura 3.1: Grafo para fórmulas de tipo α

*4. **Regla-β** Si en una rama hay un nodo no usado φ, siendo φ una fórmula de la clase β, continuamos la construcción de cada rama de la tabla que comparta*

---

[2]Para una descripción detallada de grafos, árboles y sus propiedades ver, por ejemplo, [22]

[3]Un procedimiento o algoritmo es *determinista* cuando en cada instante se puede determinar de forma unívoca el siguiente paso. Sin embargo, cuando el procedimiento o algoritmo es *no determinista*, habrá situaciones en que se deberá elegir entre varias alternativas, y a menudo agotarlas todas —no será este el caso de las tablas semánticas proposicionales— antes de encontrar una solución.

el nodo φ añadiéndole el grafo de la figura 3.2, siendo fin el nodo que hasta ahora ocupaba el último lugar. Pasamos a considerar φ usado y todos los nodos β_1 y β_2 añadidos no usados.

Figura 3.2: Grafo para fórmulas de tipo β

La construcción de la tabla termina cuando todas sus ramas son cerradas, en cuyo caso decimos que la tabla es cerrada, o bien cuando queda alguna rama no cerrada cuya construcción no puede continuarse. Llamamos a tal rama abierta, y a la tabla que tiene al menos una rama abierta la llamamos tabla abierta.

Tal como hemos redactado la definición anterior, podría ocurrir que al construir una tabla semántica aparecieran nodos diferentes con el mismo nombre. Si quiere evitarse esta duplicidad, una solución sencilla es añadir al nombre de cada nodo, junto a la fórmula que contiene, un número que lo identifica de forma unívoca. Es lo que hacemos en el siguiente ejemplo.

Ejemplo 3.5 Explicamos a continuación la construcción de la tabla semántica para el conjunto de fórmulas $\{\neg p \rightarrow q, \neg(a \vee q)\}$ que aparece en la figura 3.3. Al

Figura 3.3: Tabla semántica de $\{\neg p \rightarrow q, \neg(a \vee q)\}$

haber añadido números a los nombres de los nodos, nos referiremos a ellos en lugar de las fórmulas correspondientes. La construcción comienza creando un grafo con los dos nodos 1 y 2. Hemos comenzado usando el nodo 1, aunque podríamos haber empezado por 2, debido al carácter no determinista del procedimiento. Al tratarse de una fórmula de la clase β añadimos los nodos 3 y 4 a la única rama que contiene el nodo 1. En adelante, el nodo 1 se considerará *usado* y los demás, de momento, *no usados*. A continuación, usamos el nodo 3, que al ser una doble negación nos hace añadir el nodo 5. El nodo 3 pasa a ser *usado*, y el 5 *no usado*. Por último, usamos 2, que es de la clase α, por lo que añadimos el correspondiente grafo a las dos ramas que contienen el nodo 2, produciendo en una de ellas los nodos 6–7 y en la otra los 8–9. Como en la segunda rama —contamos de izquierda a derecha— ocurren los literales complementarios 4 y 9, la consideramos cerrada, y añadimos el nodo 10 que lo indica. La rama primera ha sido completada, pues sus fórmulas no literales han sido ya usadas. Por tanto, dicha rama —y también la tabla— es abierta.

Teorema 3.6 (Completud) *Dado un conjunto $\Gamma \subset \mathcal{L}_p$ de fórmulas proposicionales, si hay una tabla semántica de Γ con al menos un rama abierta, entonces es definible una valoración v que satisface todas las fórmulas de Γ.*

Prueba. Sea $\Gamma = \{\gamma_1, \gamma_2, \dots, \gamma_n\}$, $1 \leq n$. Si existe una tabla semántica de Γ con una rama abierta, dicha rama contendrá k nodos, y $k \geq n$, pues se compondrá de todas las fórmulas de Γ más las que se hayan añadido —si se añadió alguna—. Por tanto, los nodos de tal rama serán $N = \{\gamma_1, \gamma_2, \dots, \gamma_n, \eta_1, \eta_2, \dots, \eta_{k-n}\}$.

Sean $\{\lambda_1, \lambda_2, \dots, \lambda_l\}$ los literales que pertenecen a N. Definimos entonces los siguientes conjuntos:

1. $\Phi_0 = \{\lambda_1, \lambda_2, \dots, \lambda_l\}$

2. Para cada $h \geq 0$, Φ_{h+1} es el más pequeño conjunto que verifica:

   a) si $\varphi \in \Phi_h$ y $\neg\neg\varphi \in N$, entonces $\neg\neg\varphi \in \Phi_{h+1}$,

   b) si $\varphi \in \Phi_h$ y φ es una componente de una fórmula π de la clase β de N, entonces $\pi \in \Phi_{h+1}$,

   c) si $\varphi \in \Phi_h$ y $\psi \in \Phi_j$, $j \leq h$, y φ, ψ son las dos componentes de una fórmula π de la clase α de N, entonces $\pi \in \Phi_{h+1}$.

Definimos la valoración v de forma que para cada variable proposicional x,

$$v(x) = \begin{cases} 1 & \text{si } x \in \Phi_0, \\ 0 & \text{en otro caso.} \end{cases}$$

Veamos que v satisface las fórmulas de todos los conjuntos Φ_j, $0 \leq j$. Procedemos por inducción sobre j:

1. Para $j = 0$, encontramos que Φ_0, por definición, solo contiene literales, y que por partir de una rama abierta, no tiene literales complementarios. Además, por definición de v, sabemos que v satisface todos sus literales positivos, pues satisface todas las variables proposicionales que ocurren en Φ_0. Además, para cada literal negativo $\neg\epsilon \in \Phi_0$, tenemos que como $\epsilon \notin \Phi_0$ —al no tener Φ_0 literales complementarios—, entonces por definición de v se verifica $v(\epsilon) = 0$, por lo que $v(\neg\epsilon) = 1$, con lo que v satisface también todos los literales negativos de Φ_0, y por tanto todo Φ_0.

2. Supongamos probado que v satisface todos los Φ_j para $j \leq n$. Veamos si v satisface Φ_{n+1}. Para cada fórmula $\delta \in \Phi_{n+1}$ debe ocurrir, según la construcción de Φ_{n+1}, una de las tres siguientes posibilidades:

a) δ es $\neg\neg\varphi$. Entonces, como $\varphi \in \Phi_n$, v satisface φ y por tanto v satisface δ.

b) δ es una fórmula de la clase β, uno de cuyos constituyentes es $\varphi \in \Phi_n$. Como, por hipótesis, v satisface φ, entonces v satisface δ (observación 3.2).

c) δ es una fórmula de la clase α cuyas componentes φ y ψ pertenecen, respectivamente a Φ_n y Φ_h, $h \le n$. Entonces, por hipótesis, v satisface ambas componentes y, por tanto, v satisface δ (observación 3.2).

Por tanto, v satisface todas las fórmulas de cada uno de los Φ_j. Probemos que entre tales fórmulas están todas las que han aparecido en la rama abierta N. Lo haremos por inducción sobre el grado lógico de tales fórmulas:

1. Para los literales, tenemos que todos pertenecen a Φ_0, por definición.

2. Si suponemos probado que todas las fórmulas de la rama, hasta el grado lógico n, pertenecen a algún Φ_j, veamos qué ocurre para las de grado lógico $n + 1$. Cada una de tales fórmulas será (observación 3.3):

   a) Una doble negación $\neg\neg\varphi$. Entonces al usarse tal fórmula se añadió a la rama φ. Por hipótesis de inducción, $\varphi \in \Phi_i$ para algún i, y por construcción de Φ_{i+1}, $\neg\neg\varphi \in \Phi_{i+1}$.

   b) Una fórmula de tipo α con las componentes φ y ψ. En tal caso, por la construcción de la tabla, φ y ψ se añadieron a la rama, y por hipótesis, ambas subfórmulas pertenecen a conjuntos Φ_i, Φ_j, $j \le i$ y, por construcción de Φ_{i+1}, la fórmula pertenece a Φ_{i+1}.

   c) Una fórmula de tipo β. En tal caso, por la construcción de la tabla, alguna de sus componentes, digamos φ, se añadió a la rama, y por hipótesis, $\varphi \in \Phi_i$, y, por construcción de Φ_{i+1}, la fórmula pertenece a Φ_{i+1}.

De modo que todas las fórmulas de la rama abierta N pertenecen a algún Φ_j, pero como las fórmulas de Γ pertenecen a la rama, todas pertenecen por tanto a algún Φ_j. Y como v satisface todas las fórmulas de los Φ_j, v satisface todas las fórmula de Γ. ∎

Teorema 3.7 (Corrección) *Si $\Gamma \subset \mathcal{L}_p$ es un conjunto finito y satisfactible de fórmulas, entonces todas las tablas semánticas de Γ tienen al menos una rama abierta.*

Prueba. Sea v una valoración que satisface todas las fórmulas de Γ. Para la prueba, procedemos por inducción sobre el número de aplicaciones en toda la tabla de las reglas de formación de tablas semánticas, demostrando que debe haber siempre una rama tal que todas su fórmulas sean satisfechas por v. Como caso base, consideremos que hay 0 aplicaciones de reglas; es decir, la tabla consta de una única rama con las fórmulas de Γ. Entonces resulta trivial que v satisface todas las fórmulas de dicha rama.

Supongamos que, en toda la tabla, se han aplicado las reglas n veces, $n \ge 0$, y tenemos una rama, que representamos por el conjunto de fórmulas —nodos—

Φ, tal que v satisface todas sus fórmulas. Al aplicar la $(n+1)$-ésima regla, puede ocurrir que se aplique sobre una fórmula de Φ o sobre una fórmula de otra rama. En este último caso, la rama Φ seguirá siendo satisfecha por v, así que consideremos ahora el caso en que la $(n + 1)$-ésima regla se aplica sobre una fórmula de Φ. Entonces estamos ante una de las siguientes posibilidades:

1. La fórmula es $\neg\neg\varphi$, de forma que se aplica doble negación, con lo que la nueva rama resulta ser $\Phi \cup \{\varphi\}$, y dado que v satisface $\neg\neg\varphi$, por evaluación del negador también satisface φ, por lo que sigue satisfaciendo la nueva rama.

2. Es una fórmula φ de la clase α, de componentes φ_1 y φ_2, por lo que al aplicar la regla α, la rama resultante es $\Phi \cup \{\varphi_1, \varphi_2\}$. Como por hipótesis v satisface φ, entonces (observación 3.2) v satisface las dos componentes φ_1 y φ_2, por lo que v satisface la nueva rama.

3. Es una fórmula φ de la clase β, de componentes φ_1 y φ_2, por lo que al aplicar la regla β, Φ se divide en las dos ramas $\Phi \cup \{\varphi_1\}$ y $\Phi \cup \{\varphi_2\}$. Como por hipótesis v satisface φ, entonces (observación 3.2) v satisface una de las dos componentes φ_1 o φ_2, por lo que v satisface alguna de las dos ramas.

Por tanto, tras $n + 1$ aplicaciones de las reglas, sigue quedando una rama cuyas fórmulas son todas satisfechas por v. De modo que al completarse la tabla semántica sigue quedando una rama completa Φ^* cuyas fórmulas son todas satisfechas por v, por lo que tal rama debe ser abierta, pues de ser cerrada habría dos literales complementarios, con lo que v no podría satisfacer a ambos. ∎

Observación 3.8 Hasta ahora nos hemos referido en plural al conjunto de tablas semánticas posibles de un conjunto Γ de fórmulas pues, al ser no determinista el procedimiento de la definición 3.4, un conjunto de fórmulas Γ puede tener más de una tabla semántica. Sin embargo, al probar en el teorema precedente que si Γ es satisfactible todas sus tablas semánticas serán abiertas, emplearemos el singular para referirnos por ejemplo a *la tabla semántica de* Γ, ya que lo más importante de las tablas semánticas, su carácter abierto o cerrado, es independiente del orden en que se apliquen las reglas y, por tanto, de la forma concreta del árbol resultante. Usaremos la notación $\mathcal{T}(\Gamma)$ para referirnos a la tabla semántica de Γ.

Corolario 3.9 (Teorema fundamental) *Un conjunto finito de fórmulas $\Gamma \subset \mathcal{L}_p$ es satisfactible syss su tabla semántica es abierta.*

Prueba. Por el teorema 3.6 sabemos que si la tabla semántica Γ es abierta, entonces Γ es satisfactible. En el otro sentido, por el teorema 3.7 tenemos que si Γ es satisfactible entonces su tabla semántica es abierta. ∎

Corolario 3.10 *Un conjunto finito de fórmulas $\Gamma \subset \mathcal{L}_p$ es no satisfactible syss su tabla semántica es cerrada.*

Prueba. Del corolario 3.9, por contraposición.   ∎

Estos dos corolarios prueban la corrección y la completud del método de
las tablas semánticas. El siguiente nos servirá para encontrar modelos a partir
de las ramas abiertas.

Corolario 3.11 (Construcción de modelos) *Dada una tabla semántica del conjunto de fórmulas $\Gamma \subset \mathcal{L}_p$, si tiene una rama abierta con el conjunto de literales Φ, entonces una valoración que satisface todos los $\varphi \in \Phi$ satisface igualmente Γ.*

Prueba. Para la prueba de este corolario basta retomar la demostración del
teorema 3.6. Entonces, a partir de una rama abierta, definimos una valoración
v que satisfacía todas las fórmulas de Γ. La única característica de tal valoración
es que hacía verdaderos todos los literales de la rama abierta.   ∎

Ya tenemos los elementos que nos permiten emplear el método de las
tablas semánticas como un cálculo. Así, para cualquier conjunto de fórmulas
Γ —incluido el vacío— y cualquier fórmula φ,

$$\Gamma \vDash \varphi$$

syss $\Gamma \cup \{\neg\varphi\}$ no es satisfactible, pero esto, por el corolario 3.10 equivale a que
la tabla semántica de $\Gamma \cup \{\neg\varphi\}$ sea cerrada. Si tal tabla fuese abierta, por el
corolario 3.11 podríamos construir una valoración v que satisfaría $\Gamma \cup \{\neg\varphi\}$,
con lo que v sería un contraejemplo que refutaría $\Gamma \vDash \varphi$.

3.2. Abducción mediante tablas semánticas

Antes de presentar el método que Marta C. Mayer, Fiora Pirri [34] y Atocha
Aliseda [2] proponen para encontrar soluciones abductivas mediante tablas
semánticas, veamos cómo se traducen, al cálculo de tablas semánticas, las
condiciones que hacen que $\langle\Theta, \varphi\rangle$ sea un problema abductivo y que α sea una
solución abductiva explicativa para dicho problema.

En primer lugar, para que $\langle\Theta, \varphi\rangle$ sea un problema abductivo, deben darse
las siguientes condiciones:

1. Que $\Theta \nvDash \varphi$, es decir, que φ no sea consecuencia lógica de Θ. Esto equivale
   a que $\Theta \cup \{\neg\varphi\}$ sea satisfactible, lo que por el corolario 3.9 supone que la
   tabla semántica de $\Theta \cup \{\neg\varphi\}$ debe ser abierta.

2. Que $\Theta \nvDash \neg\varphi$ que, por el mismo razonamiento que en el caso anterior,
   equivale a que la tabla semántica de $\Theta \cup \{\varphi\}$ sea abierta.

Además, para que α sea una solución abductiva explicativa al problema
abductivo $\langle\Theta, \varphi\rangle$, se deben cumplir:

1. El *requisito fundamental*, $\Theta, \alpha \vDash \varphi$, que en el cálculo de tablas semánticas
   equivale a que la tabla de $\Theta \cup \{\neg\varphi, \alpha\}$ sea cerrada (corolario 3.10).

2. El *requisito de consistencia* de la explicación con la teoría, es decir, $\Theta, \alpha \nvDash \bot$,
   que exige que la tabla semántica de $\Theta \cup \{\alpha\}$ sea abierta.

3. El *requisito explicativo*, que exige $\alpha \nvDash \varphi$, es decir, que la tabla de $\{\alpha, \neg\varphi\}$ sea abierta.

Repasando las condiciones anteriores es fácil observar que la abducción mediante tablas semánticas incluirá los dos siguientes pasos:

1. **Constatación del problema abductivo**, que pasa por comprobar que la tabla de $\Theta \cup \{\neg\varphi\}$ sea abierta, así como la de $\Theta \cup \{\varphi\}$. En lo sucesivo, nos centraremos sobre todo en comprobar lo primero ya que, como veremos, la tabla resultante nos encaminará hacia la solución del problema. Además, si fuera el caso de que la tabla de $\Theta \cup \{\varphi\}$ fuera cerrada, es decir, si es el caso de que $\Theta \vDash \neg\varphi$, no es posible ninguna α que sea solución consistente, pues si α es una solución abductiva, entonces $\Theta, \alpha \vDash \varphi$, pero como $\Theta \vDash \neg\varphi$, por la monotonía de la relación de consecuencia lógica clásica tenemos que $\Theta, \alpha \vDash \neg\varphi$, con lo que $\Theta \cup \{\alpha\}$ no puede ser consistente, al implicar lógicamente tanto φ como $\neg\varphi$. De modo que no necesitamos comprobar si la tabla de $\Theta \cup \{\varphi\}$ es abierta, pues de ser cerrada, nos daríamos cuenta al no hallar soluciones abductivas consistentes. Así se ahorra un paso prescindible en el proceso abductivo.

2. **Búsqueda de soluciones explicativas**, que consiste en encontrar una fórmula —conjunción de literales— α tal que haga cerrada la tabla semántica de $\Theta \cup \{\alpha, \neg\varphi\}$ pero deje abiertas otras dos tablas —las tablas de α tanto con Θ, a efectos de probar la consistencia de la explicación, como con $\neg\varphi$, para probar que α es explicativa—.

Tal como hemos descrito el procedimiento, puede dar la impresión de que se requiere la realización de muchas tablas semánticas. Sin embargo, es posible ahorrar alguna de ellas mediante el uso de las *extensiones de tablas* y de los *conjuntos de cierre* [2], tal como veremos un poco más adelante. Primero, comenzaremos definiendo estos conjuntos.

En lo sucesivo emplearemos notación conjuntista para referirnos a las tablas semánticas. Así, la tabla $T = \{R_1, R_2, \ldots, R_n\}$ se representa como el conjunto de sus ramas abiertas R_i, $1 \leq i \leq n$. Cada rama $R_i = \{\lambda_{i_1}, \ldots, \lambda_{i_k}\}$ se representa como el conjunto de sus literales λ_{i_j}, $1 \leq j \leq k$.

Ejemplo 3.12 (Representación conjuntista) Sea $\Theta = \{p \rightarrow q, q \rightarrow r, \neg s\}$. La tabla semántica $\mathcal{T}(\Theta)$ se muestra en la figura 3.4. La representación conjuntista de esta tabla es

$$\mathcal{T}(\Theta) = \{\{\neg s, \neg p, \neg q\}, \{\neg s, \neg p, r\}, \{\neg s, q, r\}\}$$

y sus ramas son

$$
\begin{aligned}
\mathcal{R}_1 &= \{\neg s, \neg p, \neg q\} \\
\mathcal{R}_2 &= \{\neg s, \neg p, r\} \\
\mathcal{R}_3 &= \{\neg s, q, r\}
\end{aligned}
$$

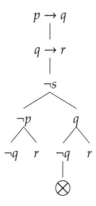

Figura 3.4: Tabla semántica de Θ

Definición 3.13 (Cierres totales de rama) *El conjunto de* cierres totales de una
rama $R = \{\lambda_1, \ldots, \lambda_n\}$ *es el conjunto de los literales complementarios de R, es
decir,*

$$CTR(R) = \{\overline{\lambda_1}, \ldots, \overline{\lambda_n}\}$$

Ejemplo 3.14 Dada la tabla del ejemplo 3.12,

$$\begin{aligned}
CTR(\mathcal{R}_1) &= \{s, p, q\} \\
CTR(\mathcal{R}_2) &= \{s, p, \neg r\} \\
CTR(\mathcal{R}_3) &= \{s, \neg q, \neg r\}
\end{aligned}$$

Definición 3.15 (Cierres totales de tabla) *El conjunto de* cierres totales de una
tabla $T = \{R_1, \ldots, R_n\}$ *es la intersección de los conjuntos de* cierres totales *de
cada una de sus ramas, es decir,*

$$CTT(T) = \bigcap_{i=1}^{n} CTR(R_i)$$

Ejemplo 3.16 Dada la tabla del ejemplo 3.12,

$$CTT(\mathcal{T}(\Theta)) = \{s\}$$

Definición 3.17 (Cierres parciales de rama) *Dada la tabla semántica $T = \{R_1,
\ldots, R_n\}$, el conjunto de* cierres parciales *de una rama R_i, $1 \leq i \leq n$, es el conjunto
de literales que pertenecen a los cierres totales de R_i pero no a los de T, es decir,*

$$CPR(R_i) = CTR(R_1) - CTT(T)$$

Ejemplo 3.18 Dada la tabla del ejemplo 3.12,

$$\begin{aligned}
CPR(\mathcal{R}_1) &= \{p, q\} \\
CPR(\mathcal{R}_2) &= \{p, \neg r\} \\
CPR(\mathcal{R}_3) &= \{\neg q, \neg r\}
\end{aligned}$$

Definición 3.19 (Cierres parciales de tabla) *Dada la tabla semántica $T = \{R_1,$
$\ldots, R_n\}$, el conjunto de los cierres parciales de la tabla T es la unión de los
conjuntos de cierres parciales de cada una de sus ramas, es decir,*

$$CPT(T) = \bigcup_{i=1}^{n} CPR(R_i)$$

Ejemplo 3.20 Dada la tabla del ejemplo 3.12,

$$CPT(\mathcal{T}(\Theta)) \;=\; \{p, q, \neg r, \neg q\}$$

Definición 3.21 (Extensión de una tabla) *Dada la tabla semántica $T = \{R_1,$
$\ldots, R_n\}$ y el conjunto de literales $C = \{\lambda_1, \ldots, \lambda_m\}$, definimos la extensión de la
tabla T con los literales de C de la siguiente manera*

$$EXT(T, C) = \{R_i \cup C \mid R_i \cap \{\overline{\lambda_j} \mid \lambda_j \in C, 1 \le j \le m\} = \emptyset, 1 \le i \le n\}$$

*Además, si $|EXT(T, C)| = |T|$, decimos que $EXT(T, C)$ es una extensión abierta
de T. Si $|EXT(T, C)| = 0$, decimos que $EXT(T, C)$ es una extensión cerrada de T.
Y si $0 < |EXT(T, C)| < |T|$, decimos que $EXT(T, C)$ es una extensión semicerrada
de T.*

Ejemplo 3.22 Dada la tabla del ejemplo 3.12, el resultado de extenderla con
$\{\neg r\}$ es

$$EXT(\mathcal{T}(\Theta), \{\neg r\}) \;=\; \{\{\neg s, \neg p, \neg q, \neg r\}\}$$

Veamos cuál es el sentido de los conjuntos de cierre y de las extensiones de
tablas, mientras comentamos, de modo informal, el procedimiento de abducción mediante tablas semánticas, basándonos en la explicación de Aliseda [2].
Ilustraremos el proceso con un ejemplo, donde solucionaremos el problema
abductivo $\langle \Theta, \varphi \rangle$ para

$$\Theta \equiv \{p \rightarrow q, t \wedge s \rightarrow p\}$$
$$\varphi \equiv q$$

El primer paso es realizar la tabla semántica de la teoría, que debe ser
abierta, pues de otro modo la teoría no sería satisfactible. En nuestro ejemplo,
la tabla de la teoría se muestra en la figura 3.5. La tabla tiene cinco ramas
abiertas, de forma que su representación conjuntista sería

$$\{\{\neg p, \neg t\}, \{\neg p, \neg s\}, \{q, \neg t\}, \{q, \neg s\}, \{q, p\}\}$$

El siguiente paso es extender la tabla de la teoría con el conjunto que
contiene la negación del literal que quiere explicarse, en este caso $\{\neg q\}$. Intuiti-
vamente, la extensión de una tabla no es más que añadir literales a sus ramas
abiertas y cerrar las que proceda, como hemos hecho en la figura 3.6. De las
cinco ramas abiertas de la tabla de la teoría se han cerrado tres.

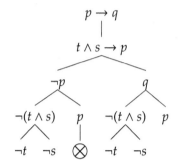

Figura 3.5: Tabla de la teoría

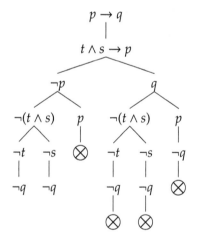

Figura 3.6: Tabla extendida

De un modo más formal, siguiendo la definición 3.21, tenemos

$$EXT(\{\{\neg p, \neg t\}, \{\neg p, \neg s\}, \{q, \neg t\}, \{q, \neg s\}, \{q, p\}\}, \{\neg q\}) =$$
$$\{\{\neg p, \neg t, \neg q\}, \{\neg p, \neg s, \neg q\}\}$$

Recapitulando, hemos hecho la tabla de la teoría —que debe ser abierta— y la hemos extendido con la negación del literal que queremos explicar. Es fácil observar que el resultado de extender una tabla T con el conjunto de literales C es igual que hacer la tabla de $T \cup C$. Sin embargo, mediante las extensiones de tablas no solo ahorramos el hacer dos tablas, sino que obtenemos más información según sea la extensión de un tipo u otro, tal como veremos a continuación.

Adelantamos que las soluciones abductivas serán conjuntos de literales —implícitamente formando una conjunción— tales que si la tabla de la teoría extendida con la negación de la observación vuelve a extenderse con tales literales, el resultado es una tabla cerrada. En nuestro ejemplo, se tratará de conjuntos de literales con los que extender la tabla de la figura 3.6 de forma que se cierre.

En la definición 3.21 hemos distinguido tres tipos de extensiones de tablas: *abiertas*, *cerradas* y *semicerradas*. Para que sea posible encontrar soluciones abductivas explicativas con forma *atómica* o *conjuntiva*, la extensión de la tabla de la teoría con la negación de la observación debe ser *semicerrada*. Veamos por qué. En primer lugar, si la extensión es cerrada, entonces, por el corolario 3.10 tenemos que —siendo Θ la teoría y φ la observación— $\Theta \cup \{\neg\varphi\}$ no es satisfactible, por lo que $\Theta \vDash \varphi$. Además, si la extensión es abierta, toda fórmula α que cierre la tabla extendida será una conjunción de los literales $\{\lambda_1, \ldots, \lambda_n\}$, $1 \leq n$ —si $n = 1$ la explicación será atómica—, que cierren las ramas de la tabla extendida $EXT(\mathcal{T}(\Theta), \{\neg\varphi\})$. Sin embargo, por ser esta extensión abierta, sus ramas son las mismas que las de $\mathcal{T}(\Theta)$ (definición 3.21) pero con el literal $\neg\varphi$. De forma que para que los literales $\{\lambda_1, \ldots, \lambda_n\}$ cierren $EXT(\mathcal{T}(\Theta), \{\neg\varphi\})$ caben dos posibilidades:

- Que entre ellos se encuentre φ. En tal caso se cerrarían todas las ramas de $EXT(\mathcal{T}(\Theta), \{\neg\varphi\})$ con el par de literales complementarios $\varphi, \neg\varphi$. Pero una conjunción de literales —la solución α— que contuviese φ no puede ser una abducción explicativa, así que no nos interesa.

- Que entre ellos no esté φ. Entonces los literales de $EXT(\mathcal{T}(\Theta), \{\neg\varphi\})$ con los que se producen los cierres al extenderse con $\{\lambda_1, \ldots, \lambda_n\}$ son literales que también estaban en $\mathcal{T}(\Theta)$, por lo que la extensión de la tabla de la teoría con los literales de α, $EXT(\mathcal{T}(\Theta), \{\lambda_1, \ldots, \lambda_n\})$ sería cerrada, lo que significa que en tal caso $\Theta \cup \{\alpha\}$ no es satisfactible, con lo que no serían posibles las abducciones consistentes.

Por tanto, la extensión de la tabla de la teoría con la negación de la observación debe ser *semicerrada*, como lo es en nuestro ejemplo la tabla extendida de la figura 3.6. Debemos aclarar que si aceptamos soluciones abductivas diferentes a las explicativas —o bien que no sean conjunciones de literales— puede interesar otro tipo de extensiones, tal como explica Aliseda [2].

Una vez que tenemos la tabla de la teoría, que se ha hecho la extensión con la negación de la observación, y que se ha constatado que ésta es *semicerra-da*, podemos buscar soluciones abductivas. Como ya hemos adelantado, nos centraremos en dos tipos: *atómicas* —un solo literal— y *conjuntivas* —una conjunción de literales—.

Explicaciones atómicas.   En cuanto a las explicaciones *atómicas*, se requiere que α sea un literal de modo que la tabla de la teoría Θ extendida con la negación de la observación φ, es decir $EXT(\mathcal{T}(\Theta), \{\neg\varphi\})$ se cierre al volver a extenderla con α —para que de este modo $\Theta, \alpha, \neg\varphi \vDash \bot$, lo que equivale al requisito plano (definición 2.22)—, o sea, que debe ocurrir

$$EXT(EXT(\mathcal{T}(\Theta), \{\neg\varphi\}), \{\alpha\}) = \emptyset$$

Pero si α debe cerrar todas las ramas de la tabla extendida, tenemos que, por las definiciones 3.13 y 3.15,

$$\alpha \in CTT(EXT(\mathcal{T}(\Theta), \{\neg\varphi\}))$$

es decir, que α debe formar parte del conjunto de cierres totales de la tabla extendida, pues solo así puede cerrar todas sus ramas. Además, para que α sea una explicación consistente, no debe cerrar la tabla de la teoría Θ —es decir, $\Theta, \alpha \nvDash \bot$ (definición 2.23)—, por lo que no debe pertenecer al conjunto de cierres totales de la tabla de Θ. Por ello, conviene que pertenezca al conjunto de sus cierres parciales, de modo que

$$\alpha \in CPT(\mathcal{T}(\Theta))$$

Finalmente, para que α sea una abducción explicativa, no debe ser φ. Por tanto, el conjunto de explicaciones atómicas es el formado por todos los literales α que cumplan

$$\alpha \in (CTT(EXT(\mathcal{T}(\Theta), \{\neg\varphi\})) \cap CPT(\mathcal{T}(\Theta))) - \{\varphi\}$$

En nuestro ejemplo, tenemos que:

$$CPT(\mathcal{T}(\Theta)) = \{p, t, s, \neg p, \neg q\}$$
$$CTT(EXT(\mathcal{T}(\Theta), \{\neg\varphi\})) = \{p\}$$

por lo que la única explicación atómica a nuestro problema es el literal p.

Explicaciones conjuntivas.   En cuanto a las explicaciones *conjuntivas* de tipo $\lambda_1 \wedge \lambda_2 \wedge \ldots \wedge \lambda_n$, $n > 1$, cada rama de $EXT(\mathcal{T}(\Theta), \{\neg\varphi\})$ debe cerrarse con alguno de los λ_i, $1 \leq i \leq n$ —de este modo, $\Theta, \lambda_1 \wedge \ldots \wedge \lambda_n, \neg\varphi \vDash \bot$, que equivale al requisito plano de la definición 2.22—. Además, ninguno de tales λ_i debe cerrar por completo la tabla extendida —ya que en otro caso λ_i sería una explicación atómica—. Por tanto, uno de los requisitos será que para todas las ramas

$$R \in EXT(\mathcal{T}(\Theta), \{\neg\varphi\})$$

ocurra

$$CPR(R) \cap \{\lambda_1, \lambda_2, \ldots, \lambda_n\} \neq \varnothing$$

Una de las formas de conseguir esto es formar todos los conjuntos $C_1, C_2, \ldots$ diferentes posibles que contienen un literal de los cierres parciales de cada una de las ramas de la tabla extendida y después eliminar los literales repetidos de cada C_i, así como los C_i no minimales, es decir, que exista otro C_j tal que

$$C_j \subset C_i$$

A efectos de la consistencia de las explicaciones conjuntivas, de los C_i resultantes solo podemos elegir aquellos que no cierren la tabla de la teoría. Para ello basta comprobar que existe alguna rama R de $\mathcal{T}(\Theta)$ tal que

$$CTR(R) \cap C_i = \varnothing$$

Los C_i que no cumplan este requisito no son explicaciones consistentes. En cuanto al carácter explicativo de las abducciones conjuntivas, queda asegurado, ya que el literal φ nunca podrá pertenecer a los cierres parciales de ninguna rama de la tabla de la teoría extendida $EXT(\mathcal{T}(\Theta), \{\neg\varphi\})$, pues al formar $\neg\varphi$ parte de cada rama de dicha tabla, se encuentra entre sus cierres totales.

En nuestro ejemplo tenemos que la tabla extendida (figura 3.6) tiene dos ramas abiertas:

$$\{\{\neg p, \neg t, \neg q\}, \{\neg p, \neg s, \neg q\}\}$$

El conjunto de cierres parciales de la primera rama es $\{t\}$, y el de la segunda, $\{s\}$. De modo que solo hay un posible conjunto candidato a explicación conjuntiva, $\{t, s\}$, lo que nos da la solución abductiva $t \wedge s$. Además, para asegurar la consistencia de la explicación debemos comprobar que en la tabla de la teoría (figura 3.5) haya una rama R tal que $CTR(R) \cap \{t, s\} = \varnothing$. Tal rama es la última de la tabla —a contar desde izquierda a derecha—, $\{q, p\}$, cuyo conjunto de cierres totales, $CTR(\{q, p\}) = \{\neg q, \neg p\}$.

Como puede observarse, este procedimiento depende demasiado de que la observación que quiera explicarse sea un literal. De otra forma, habría que definir una operación de extensión de tablas que contemplara la posibilidad de que las tablas extendidas —como $EXT(\mathcal{T}(\Theta), \{\neg\varphi\})$— tuviesen más ramas abiertas que las tablas que extienden —$\mathcal{T}(\Theta)$—, con lo que la definición de los tipos de extensiones (definición 3.21) habría que modificarla también y con ello todo el proceso abductivo.

Aliseda [2] también explica cómo generar *explicaciones disyuntivas*, es decir, disyunciones de literales. No entraremos en más detalles que decir que considera explicaciones disyuntivas la disyunción de:

- Dos explicaciones atómicas.

- Dos explicaciones conjuntivas.

- Una explicación atómica y otra conjuntiva.

- Una explicación atómica y φ —la observación—.

- Una explicación conjuntiva y φ.

3.3. Ejemplos

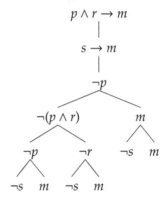

Figura 3.7: Tabla semántica de la teoría (ejemplo 3.23)

Ejemplo 3.23 Consideremos el problema abductivo $\langle \Theta, \varphi \rangle$ con

$$\Theta = \{p \wedge r \to m, s \to m, \neg p\}$$
$$\varphi = m$$

El primer paso para resolver el problema abductivo mediante tablas semánticas es construir la tabla de la teoría, que se muestra en la figura 3.7. Representada en forma conjuntista, resulta,

$$\mathcal{T}(\Theta) = \{\{\neg p, \neg s\}, \{\neg p, m\}, \{\neg p, \neg r, \neg s\}, \{\neg p, \neg r, m\}, \{\neg p, m, \neg s\}, \{\neg p, m\}\}$$

Debemos ahora extender la tabla de Θ con $\neg\varphi$ (en nuestro caso, $\neg m$),

$$EXT(\mathcal{T}(\Theta), \{\neg\varphi\}) = \{\{\neg p, \neg s, \neg m\}, \{\neg p, \neg r, \neg s, \neg m\}\}$$

Comenzamos por buscar explicaciones atómicas, que como hemos visto son las contenidas en

$$(CTT(EXT(\mathcal{T}(\Theta), \{\neg\varphi\})) \cap CPT(\mathcal{T}(\Theta))) - \{\varphi\}$$

Omitimos el proceso de construcción de los conjuntos de cierre (ver las definiciones 3.13–3.19 con sus ejemplos). Tenemos que

$$CTT(EXT(\mathcal{T}(\Theta), \{\neg\varphi\})) = \{p, s, m\}$$
$$CPT(\mathcal{T}(\Theta)) = \{s, \neg m, r\}$$

de modo que el conjunto de soluciones atómicas es

$$(\{p, s, m\} \cap \{s, \neg m, r\}) - \{m\} = \{s\}$$

por lo que la única solución atómica es s.

Dejamos el proceso de búsqueda de explicaciones conjuntivas para el siguiente ejemplo, ya que en este no existe ninguna.

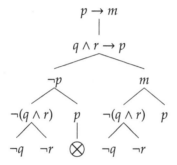

Figura 3.8: Tabla semántica de la teoría (ejemplo 3.24)

Ejemplo 3.24 Resolvamos el problema abductivo $\langle \Theta, \varphi \rangle$ con

$$\Theta = \{p \to m,\ q \land r \to p\}$$
$$\varphi = m$$

Comenzamos por hacer la tabla de la teoría (figura 3.8). Tenemos que

$$\mathcal{T}(\Theta) = \{\{\neg p, \neg q\}, \{\neg p, \neg r\}, \{m, \neg q\}, \{m, \neg r\}, \{m, p\}\}$$

La extensión de esta tabla con $\neg\varphi$ es

$$EXT(\mathcal{T}(\Theta), \{\neg\varphi\}) = \{\{\neg p, \neg q, \neg m\}, \{\neg p, \neg r, \neg m\}\}$$

Comencemos por buscar las explicaciones atómicas

$$CTT(EXT(\mathcal{T}(\Theta), \{\neg\varphi\})) = \{p, m\}$$
$$CPT(\mathcal{T}(\Theta)) = \{p, q, r, \neg m, \neg p\}$$

El conjunto de explicaciones atómicas se construye, como hemos visto

$$(CTT(EXT(\mathcal{T}(\Theta), \{\neg\varphi\})) \cap CPT(\mathcal{T}(\Theta))) - \{\varphi\} =$$
$$(\{p, m\} \cap \{p, q, r, \neg m, \neg p\}) - \{m\} = \{p\}$$

Por tanto, p es la única solución atómica.

Pasamos a las soluciones conjuntivas. Como vimos más arriba, se trata de elegir un literal de entre los cierres parciales de cada una de las ramas de $EXT(\mathcal{T}(\Theta), \{\neg\varphi\})$. Tenemos que las dos ramas de esta tabla son

$$\mathcal{R}_1 = \{\neg p, \neg q, \neg m\}$$
$$\mathcal{R}_2 = \{\neg p, \neg r, \neg m\}$$

dado que p y m son cierres totales de la tabla, los cierres parciales de ambas ramas son

$$CPR(\mathcal{R}_1) = \{q\}$$
$$CPR(\mathcal{R}_2) = \{r\}$$

Por tanto, la única selección posible es $\{q, r\}$. Para comprobar la consistencia de esta explicación, tenemos que verificar que hay alguna rama en $\mathcal{T}(\Theta)$ cuyo conjunto de cierres totales tenga intersección vacía con $\{q, r\}$ (así, dicha rama quedaría abierta tras la extensión de $\mathcal{T}(\Theta)$ con $\{q, r\}$). En efecto, para la última rama de $\mathcal{T}(\Theta)$ (ver figura 3.8), el conjunto de sus cierres totales es $\{\neg m, \neg p\}$, que tiene intersección vacía con $\{q, r\}$. Así que obtenemos la solución conjuntiva $q \wedge r$. Como vimos más arriba, el carácter explicativo de la solución queda asegurado al haber buscado cierres parciales de las ramas de $EXT(\mathcal{T}(\Theta), \{\neg\varphi\})$.

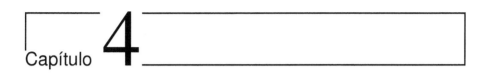

Capítulo 4

Abducción y resolución

En este capítulo presentamos el cálculo de δ-resolución, dual a la resolución, con el que obtendremos soluciones explicativas minimales, a través de un proceso abductivo que introduciremos en la sección 4.2. El uso de cálculos duales a la resolución aparece incluso antes del propio trabajo de Robinson de 1965 [47]. Ya en 1955, Quine [43] define $\varphi\psi$ como el *consenso* de los *implicantes* $\alpha\varphi$ y $\overline{\alpha}\psi$, que interpreta conjuntamente, del mismo modo que nuestra definición 4.1 hace con las δ-cláusulas. También aparecen formulaciones de cálculos duales a la resolución en [19] y [32]. Sin embargo, las primeras aplicaciones que conocemos de la resolución dual a la búsqueda de soluciones abductivas aparecen en nuestros trabajos [50, 51].

Comenzaremos mostrando el punto de partida que tomamos para diseñar el cálculo de δ-resolución. Dado el problema abductivo $\langle\Theta,\varphi\rangle$, $\Theta = \{\theta_1,\ldots,\theta_n\}$, la definición 2.22 establece que α es una solución abductiva plana si se cumple

$$\Theta, \alpha \vDash \varphi \tag{4.1}$$

El uso abductivo de las tablas semánticas (capítulo 3) explota la equivalencia de (4.1) con

$$\Theta, \alpha, \neg\varphi \vDash \bot \tag{4.2}$$

ya que se buscan fórmulas α que cierren la tabla de $\Theta \cup \{\neg\varphi\}$.

Sin embargo, la condición (4.1) también equivale, por el teorema de la deducción, a

$$\alpha \vDash \theta_1 \wedge \ldots \wedge \theta_n \to \varphi \tag{4.3}$$

con lo que la solución del problema abductivo puede verse como una búsqueda de modelos de $\theta_1 \wedge \ldots \wedge \theta_n \to \varphi$. Si queremos que α sea una conjunción *minimal* de literales, se tratará de encontrar un conjunto *minimal* de literales tales que todo modelo que los satisfaga, satisfaga igualmente a $\theta_1 \wedge \ldots \wedge \theta_n \to \varphi$.

Si comparamos las relaciones (4.2) y (4.3) observamos que al emplear tablas semánticas —usando (4.2)— se busca una fórmula α tal que el conjunto de fórmulas $\Theta \cup \{\alpha, \neg\varphi\}$ no sea satisfactible. Entonces, el conjunto $\Theta \cup \{\alpha\}$ no será consistente con $\neg\varphi$, con lo que se verificará $\Theta, \alpha \vDash \varphi$. Se trata de un procedimiento que opera de modo *indirecto* o *inverso*, similar al razonamiento por reducción al absurdo, pues α hace imposible —dentro de la teoría— $\neg\varphi$, con lo que φ será necesaria. Sin embargo, en el planteamiento de partida de la δ-resolución —que aparece en (4.3)—, se busca una fórmula α que haga que la teoría Θ implique φ, con lo que procede de modo *directo*. Digamos que usando tablas semánticas explicamos "no $\neg\varphi$", mientras que mediante δ-resolución explicamos "φ". ¿Son ambos planteamientos idénticos? La cuestión, desde un punto de vista formal y en lógica clásica, está cerrada, pues las relaciones en que se basan son equivalentes. Sin embargo, si nos preguntamos qué recoge mejor el proceder del razonamiento de sentido común, la respuesta es menos cierta. Desde luego, parece muy poco natural el esquema de razonamiento

1	Θ	Teoría
2	$\neg\varphi$	Negación de la observación
$\vdots$	$\vdots$	$\vdots$
n	$\neg\alpha$	Consecuencia de 1 y 2
n+1	α	Conclusión abductiva

Figura 4.1: Esquema de razonamiento explicativo *indirecto*

que hemos recogido en la figura 4.1, que interpreta el proceder que hemos llamado *indirecto*. Por ello, nos resulta preferible el modo *directo* de generación de hipótesis explicativas.

Para ilustrar cómo se resuelven problemas abductivos mediante δ-resolución, veamos, de modo informal, la solución mediante δ-resolución a un problema abductivo típico, presentado por Kakas, Kowalski y Toni [27]. El lenguaje consta de las siguientes variables proposicionales

$$a = \text{los aspersores regaron anoche}$$
$$l = \text{llovió anoche}$$
$$c = \text{el césped está mojado}$$
$$z = \text{los zapatos se mojan}$$

Lo que quiere explicarse es z, a partir de la teoría

$$(a \rightarrow c) \wedge (l \rightarrow c) \wedge (c \rightarrow z)$$

Por tanto, la relación que presentamos en (4.3), para este problema, queda

$$\alpha \vDash (a \rightarrow c) \wedge (l \rightarrow c) \wedge (c \rightarrow z) \rightarrow z$$

con lo que habrá que buscar modelos para

$$(a \rightarrow c) \wedge (l \rightarrow c) \wedge (c \rightarrow z) \rightarrow z \tag{4.4}$$

Un procedimiento para encontrar modelos de (4.4) es construir su forma normal disyuntiva (definición 2.15),

$$(a \wedge \neg c) \vee (l \wedge \neg c) \vee (c \wedge \neg z) \vee z \tag{4.5}$$

Por tanto, todo conjunto de literales del que (4.5) sea consecuencia lógica, será una solución abductiva. Desde luego, cada una de las conjunciones elementales de (4.5) valdrían como explicaciones, según este criterio. Por ejemplo, valen $c \wedge \neg z$ y z. Pero si valen éstas, también servirá c, ya que $c \vDash z \vee (c \wedge \neg z)$, pues todo modelo que satisfaga c, o bien satisface $\neg z$, con lo que satisface la explicación válida $c \wedge \neg z$, o bien satisface z que también es una explicación válida. Por la misma razón, al ser (4.5) consecuencia lógica de c —según acabamos de probar—, como también lo es de $l \wedge \neg c$ —por ser una de sus conjunciones elementales—, lo será igualmente de l, ya que $l \vDash c \vee (l \wedge \neg c)$. Del mismo modo, puesto que $a \vDash c \vee (a \wedge \neg c)$, al ser c una explicación válida y $a \wedge \neg c$ una conjunción elemental de (4.5), tenemos que a es otra explicación válida. Recogemos este

1.	$a \wedge \neg c$	Conjunción elemental de (4.5)
2.	$l \wedge \neg c$	Conjunción elemental de (4.5)
3.	$c \wedge \neg z$	Conjunción elemental de (4.5)
4.	z	Conjunción elemental de (4.5)
5.	c	Desde 4 y 3
6.	l	Desde 5 y 2
7.	a	Desde 5 y 1

Figura 4.2: Esquema de razonamiento explicativo *directo*

razonamiento en la figura 4.2. Si lo comparamos con la figura 4.1, observamos que el proceder directo resulta mucho más natural. Razonando de manera inversa, se partiría de la teoría con $\neg z$ —negación de la observación— para obtener, como consecuencia, los literales complementarios a los que en la figura 4.2 alcanzamos de manera directa.

Cada uno de los literales 4–7 de la figura 4.2 es una solución abductiva plana al problema abductivo planteado. Como puede apreciarse, la δ-resolución —que ahora solo hemos mostrado de modo informal— es completamente dual a la resolución. Comenzamos transformando lo que quiere explicarse —la teoría implica la observación— a forma normal disyuntiva —mientras que en la resolución se emplea forma normal conjuntiva— y a partir de ahí procedemos por una regla dual a la de resolución —como puede observarse, por ejemplo, en la inferencia de 5 a partir de 3 y 4 en la figura 4.2, justificada, como vimos antes, porque $c \vDash z \vee (c \wedge \neg z)$—, de manera que lo que obtenemos son, no consecuencias lógicas de las premisas, sino fórmulas de las que las fórmulas de partida son consecuencia lógica.

La dualidad con la resolución va a suponer ventajas en varios aspectos. Por un lado, las propiedades de la δ-resolución serán duales a las de la resolución. Además, dispondremos de la posibilidad de encontrar implementaciones eficientes —la complejidad será la misma que la de la resolución, así como las estrategias de búsqueda, eliminación de cláusulas subsumidas, etc—. Pero también la propia resolución nos ofrece ciertos elementos que pueden interpretarse en clave explicativa. Por ejemplo, la *historia* de las cláusulas se puede convertir en un muy buen criterio preferencial a la hora de elegir la mejor explicación. Así, de entre los literales 4–7 de la figura 4.2 los que tienen mayor historia son 6 y 7, que coinciden con las abducciones más fuertes, que llevan más lejos el razonamiento explicativo. Son las explicaciones últimas que la teoría permite pues, a diferencia del literal 5, los literales 6 y 7 no pueden ser a su vez explicados dentro de la teoría por otros literales diferentes.

4.1. Presentación del cálculo de δ-resolución

En esta sección presentamos el cálculo de δ-resolución, así como sus teoremas fundamentales. Comenzamos por las definiciones de δ-*cláusula* y *forma δ-clausal*. Como puede apreciare, se trata de conceptos duales a los empleados en el cálculo de resolución.

Definición 4.1 (δ-cláusula) *Una δ-cláusula Σ es un conjunto de literales*

$$\Sigma = \{\lambda_1, \ldots \lambda_n\}$$

y equivale a la conjunción

$$\lambda_1 \wedge \ldots \wedge \lambda_n,$$

de modo que dada una valoración v, v satisface Σ syss v satisface todos los λ_i, $1 \leq i \leq n$. En adelante, nos referiremos a las δ-cláusulas mediante letras griegas mayúsculas. Con $\Box$ nos referimos a la δ-cláusula vacía, universalmente válida.

Definición 4.2 (Forma δ-clausal) *Una forma δ-clausal A es un conjunto de δ-cláusulas*

$$A = \{\Sigma_1, \ldots, \Sigma_n\}$$

y equivale a la disyunción de sus δ-cláusulas, de forma que dada una valoración v, v satisface A syss v satisface al menos una de las δ-cláusulas Σ_i, $1 \leq i \leq n$. En adelante, nos referiremos a las formas δ-clausales mediante letras mayúsculas latinas. La forma δ-clausal vacía es no satisfactible[1].

Las definiciones anteriores nos permiten extender la relación de consecuencia lógica clásica para incluir δ-cláusulas y formas δ-clausales tanto a la izquierda como a la derecha de $\vDash$. Así, por ejemplo, mediante $\Sigma \vDash A$ expresamos que toda valoración que satisfaga la δ-cláusula Σ satisface la forma δ-clausal A. Del mismo modo, podemos extender otras nociones como satisfactibilidad, contingencia y equivalencia. En ocasiones abusaremos de la notación, como en la siguiente observación, donde aparece $\vDash A \leftrightarrow B$. En tanto que A y B son formas δ-clausales y no fórmulas de $\mathcal{L}_p$, la expresión $A \leftrightarrow B$ no es una fórmula bien formada. Pero como vemos en la observación 4.4, para cada forma

---

[1]Nótese que mientras que la δ-cláusula vacía $\Box$ es universalmente válida, lo que concuerda con la definición 2.5 —puesto que una δ-cláusula se evalúa, por la definición 4.1, igual que un conjunto de fórmulas—, la forma δ-clausal vacía no es satisfactible. Se trata, pues, de dos conjuntos vacíos de diferente tipo, pues los elementos que integran las δ-cláusulas y las formas δ-clausales son diferentes —en el primer caso son literales; en el segundo, δ-cláusulas—. Obsérvese que una forma δ-clausal Σ no se evalúa igual que un conjunto de fórmulas, ya que para que una valoración v satisfaga Σ debe cumplirse que haya al menos una δ-cláusula $\gamma \in \Sigma$ que sea satisfecha por v. Esto nunca puede verificarse para la forma δ-clausal vacía, como resulta obvio por no contener ninguna δ-cláusula.

δ-clausal (así como para cada δ-cláusula), podemos obtener una fórmula de $\mathcal{L}_p$ equivalente, por lo que usamos indistintamente A o B como formas δ-clausales o como fórmulas equivalentes a las mismas.

Observación 4.3 Dada una fórmula $\alpha \in \mathcal{L}_p$, existe una forma δ-clausal A equivalente a α. Para obtenerla, solo tenemos que hacer la forma normal disyuntiva de α (definición 2.15), dado que las formas δ-clausales se evalúan como una forma normal disyuntiva en la que cada δ-cláusula es una conjunción elemental. Nombraremos A como *la* forma δ-clausal de α, dado que para cualquier otra forma δ-clausal B equivalente a α, tenemos que $\models A \leftrightarrow B$.

Observación 4.4 Dada la forma δ-clausal $A = \{\Sigma_1, \ldots, \Sigma_n\}$, si $\Sigma_i = \{\lambda_i^1, \ldots, \lambda_i^{j_i}\}$ para cada Σ_i, $1 \leq i \leq n$, entonces toda fórmula $\alpha \in \mathcal{L}_p$ equivalente a $(\lambda_1^1 \wedge \ldots \wedge \lambda_1^{j_1}) \vee \ldots \vee (\lambda_n^1 \wedge \ldots \wedge \lambda_n^{j_n})$ tiene A como forma δ-clausal. De este modo, para cada forma δ-clausal A, podemos obtener una fórmula α que tiene a A como su forma δ-clausal.

La única regla que introduciremos es la regla de δ-resolución, que tiene igual forma sintáctica que la regla de resolución binaria, aunque semánticamente es dual. Con la regla de δ-resolución podremos definir cómo son las pruebas mediante δ-resolución.

Definición 4.5 (Regla de δ-resolución) *Dadas las δ-cláusulas $\Sigma_1 \cup \{\lambda\}$ y $\Sigma_2 \cup \{\neg\lambda\}$, la regla de δ-resolución se expresa de la siguiente forma:*

$$\frac{\Sigma_1 \cup \{\lambda\} \qquad \Sigma_2 \cup \{\neg\lambda\}}{\Sigma_1 \cup \Sigma_2}$$

Decimos que la cláusula $\Sigma_1 \cup \Sigma_2$ es un δ-resolvente de las dos primeras.

Definición 4.6 (Demostración por δ-resolución) *Una secuencia de δ-cláusulas es una demostración mediante δ-resolución de la δ-cláusula Λ a partir de las δ-cláusulas $\Sigma_1, \ldots, \Sigma_n$, lo que expresamos con*

$$\Sigma_1, \ldots, \Sigma_n \vdash_\delta \Lambda$$

syss se cumplen las dos siguientes condiciones:

- *Cada una de las δ-cláusulas de la secuencia es o bien una de las Σ_i, $1 \leq i \leq n$ o un δ-resolvente de δ-cláusulas anteriores.*

- *La secuencia termina con la δ-cláusula Λ.*

Ya que acabamos de definir el cálculo de δ-resolución, a continuación mostramos sus dos teoremas fundamentales, la *corrección* y la *completud débil*. Comenzaremos por el primero de ellos. También ahora puede observarse que las demostraciones son duales a las de los correspondientes teoremas en el cálculo de resolución.

Teorema 4.7 (Corrección) *Para toda forma δ-clausal A y toda δ-cláusula Σ, si $A \vdash_\delta \Sigma$, entonces*

$$\Sigma \vDash A$$

Prueba. Cada vez que aplicamos la regla de δ-resolución obtenemos una δ-cláusula tal que el conjunto de δ-cláusulas original es consecuencia lógica de la δ-cláusula obtenida. Demostraremos esta afirmación por inducción sobre el número de veces que se aplica la regla de δ-resolución.

Si no se aplica ninguna vez la regla de δ-resolución, entonces $\Sigma \in A$. Por la definición 4.2, toda valoración que satisfaga Σ debe satisfacer A, por lo que $\Sigma \vDash A$.

Supongamos que el teorema se cumple hasta para δ-cláusulas obtenidas mediante n usos de la regla de δ-resolución. Veamos si se cumple para $n + 1$ usos. Consideremos que el $n + 1$-ésimo uso de la regla se aplica sobre las cláusulas Σ_1 y Σ_2, para obtener Σ. Entonces

$$\Sigma_1 = \Sigma_1' \cup \{\lambda\}, \quad \Sigma_2 = \Sigma_2' \cup \{\neg\lambda\}, \quad \Sigma = \Sigma_1' \cup \Sigma_2'.$$

Sea v una valoración que satisface Σ. Entonces v satisface todos los literales de Σ_1' y todos los de Σ_2', por la definición 4.1. Además, o bien $v \vDash \lambda$ o bien $v \vDash \neg\lambda$. Por tanto, o bien $v \vDash \Sigma_1$ o bien $v \vDash \Sigma_2$. Es decir, toda valoración que satisface Σ satisface también a Σ_1 o a Σ_2. Pero tanto Σ_1 como Σ_2 son δ-cláusulas obtenidas en a lo sumo n pasos, por lo que toda valoración que las satisfaga, por hipótesis de inducción, satisface también A.

Por tanto, toda valoración que satisface Σ satisface A. ∎

Este teorema, dual al de corrección del cálculo de resolución, nos permite ver una característica interesante de este cálculo. Si en el cálculo de resolución se obtienen cláusulas que son consecuencia lógica del conjunto de cláusulas original, ahora obtenemos δ-cláusulas tales que el conjunto de δ-cláusulas original es consecuencia lógica de cada una de las δ-cláusulas obtenidas. Podemos ver las pruebas en este cálculo como una búsqueda abductiva, pues se obtienen fórmulas que si se probaran harían posible demostrar las fórmulas de las que partimos. Se trata de un razonar de las conclusiones hasta las hipótesis, de invertir el proceso inferencial. Estas propiedades son típicamente abductivas, aunque, como veremos, el cálculo de δ-resolución también sirve para realizar inferencias deductivas. Ya que las δ-cláusulas de partida son consecuencia lógica de cada δ-cláusula que se obtenga, cuando se alcance la δ-cláusula vacía, al ser universalmente válida, sabremos que toda valoración —pues todas las valoraciones satisfacen la δ-cláusula vacía— satisface el conjunto de δ-cláusulas de partida. Es decir, el conjunto inicial de δ-cláusulas corresponde a una fórmula universalmente válida.

El siguiente teorema prueba la completud del cálculo de δ-resolución. Nos dice lo siguiente:

Teorema 4.8 (Completud débil) *Si un conjunto de δ-cláusulas A es universalmente válido, entonces*

$$A \vdash_\delta \square$$

Prueba. Sea $A = \{\Sigma_1, \ldots, \Sigma_n\}$, $n \geq 1$ un conjunto de δ-cláusulas universalmente válido. Si $\square \in A$, entonces la prueba es inmediata. En otro caso, procedemos por inducción sobre el número $m \geq 0$ que resulta de restar el número de δ-cláusulas de A al número de literales que ocurren entre todas las Σ_i, $1 \leq i \leq n$. En el caso base, $m = 0$, el número de δ-cláusulas es igual al número total de literales, por lo que cada δ-cláusula Σ_i tiene un solo literal —ya que estamos en el caso de que $\square \notin A$—. Como todas las δ-cláusulas son unitarias y el conjunto A es universalmente válido, debe haber dos δ-cláusulas $\Sigma_j, \Sigma_k \in A$ tales que $\Sigma_j = \{\gamma\}$ y $\Sigma_k = \{\overline{\gamma}\}$, ya que en otro caso sería posible una valoración que no satisfaría ninguna δ-cláusula de A. Entonces podemos aplicar la regla de δ-resolución a Σ_j y Σ_k, obteniendo $\square$.

Supongamos probado el teorema para los conjuntos de δ-cláusulas con $m = k$. Veamos qué ocurre cuando $m = k + 1$. Ahora tampoco pertenece la δ-cláusula vacía a A, y al ser $m > 0$, debe haber al menos una δ-cláusula Σ_j, $j \leq n$ no unitaria. Sea $\eta \in \Sigma_j$ un literal, y $\Sigma_j^* = \Sigma_j - \{\eta\}$. Entonces, el conjunto de δ-cláusulas

$$A^* = (A - \{\Sigma_j\}) \cup \{\Sigma_j^*\}$$

también es universalmente válido, ya que toda valoración que satisfaga Σ_j debe satisfacer Σ_j^*, por la definición 4.2, y, del mismo modo, toda valoración que satisfaga A satisface también A^*. Al ser A un conjunto de δ-cláusulas universalmente válido, también lo será, pues, A^*. Además, para A^* el valor $m = k$. Así, por hipótesis de inducción, podemos calcular $\square$ mediante δ-resolución desde A^*.

Además, el conjunto

$$A^{**} = (A - \{\Sigma_j\}) \cup \{\{\eta\}\}$$

cumple igualmente que es universalmente válido —por las definiciones 4.1 y 4.2— y que $m \leq k$, por lo que de nuevo por hipótesis de inducción puede obtenerse la δ-cláusula $\square$ mediante δ-resolución a partir de A^{**}.

Hagamos una demostración mediante δ-resolución en A paralela a la que se hace en A^* para obtener $\square$, de forma que cada vez que en la prueba que parte de A^* se emplean o bien la δ-cláusula Σ_j^* o una δ-cláusula derivada de Σ_j^*, en la prueba que parte de A se emplearán o bien Σ_j o la correspondiente δ-cláusula derivada de Σ_j, respectivamente. De esta forma, cuando en la prueba que parte de A se llega a $\square$, en la prueba que toma A^* como conjunto inicial de δ-cláusulas pueden ocurrir dos cosas:

1. Que también se alcance $\square$.

2. Que se llegue a la δ-cláusula $\{\eta\}$. En este caso, como tenemos todas las δ-cláusulas de A^{**}, repetimos el proceso, asegurado por hipótesis de inducción, para obtener $\square$.

∎

Ejemplo 4.9 Veamos un ejemplo del *uso deductivo* del cálculo de δ-resolución, para comprobar relaciones de validez y consecuencia lógica. Sea la fórmula

$$(p \wedge (p \rightarrow q) \wedge (q \rightarrow r)) \rightarrow r \tag{4.6}$$

Para ver si es universalmente válida[2], primero la transformamos a forma normal disyuntiva

$$\neg p \lor (p \land \neg q) \lor (q \land \neg r) \lor r$$

y obtenemos el conjunto de δ-cláusulas

$$\{\{\neg p\}, \{p, \neg q\}, \{q, \neg r\}, \{r\}\} \tag{4.7}$$

La figura 4.3 muestra la prueba de la δ-cláusula vacía a partir del conjunto anterior. Cada línea representa un paso de la prueba. A la derecha de cada δ-cláusula aparece un comentario que indica si tal δ-cláusula pertenece al conjunto inicial o se obtiene de las anteriores mediante δ-resolución.

1	$\{\neg p\}$	δ-cláusula inicial
2	$\{p, \neg q\}$	δ-cláusula inicial
3	$\{q, \neg r\}$	δ-cláusula inicial
4	$\{r\}$	δ-cláusula inicial
5	$\{\neg q\}$	δ-resolvente de 1 y 2
6	$\{\neg r\}$	δ-resolvente de 3 y 5
7	$\square$	δ-resolvente de 4 y 6

Figura 4.3: Prueba mediante δ-resolución

Como se ha obtenido $\square$, por el teorema 4.7 tenemos que toda valoración que satisface la δ-cláusula vacía satisface el conjunto de δ-cláusulas (4.7). Pero como $\square$ es universalmente válida, entonces (4.7) también lo es. Además, por ser (4.7) equivalente a la fórmula (4.6), tenemos que ésta es también universalmente válida.

A continuación vamos a mostrar la utilidad del cálculo de δ-resolución para producir soluciones abductivas. Como trabajamos con δ-cláusulas, que se evalúan como conjunciones de literales, comenzamos por adaptar la definición de solución minimal (ver definición 2.28) a un conjunto de literales. Los cuatro requisitos de la definición 4.10 serán válidos únicamente para soluciones explicativas minimales.

Definición 4.10 (Solución abductiva) *El conjunto de literales* $\Sigma \subset \mathcal{L}_p$ *es una solución abductiva para el problema abductivo* $\langle \Theta, \varphi \rangle$ *syss*

$$\Theta \cup \Sigma \vDash \varphi \tag{4.8}$$

$$\Theta \cup \Sigma \nvDash \bot \tag{4.9}$$

$$\Sigma \nvDash \varphi \tag{4.10}$$

$$\text{Para todo } \Sigma' \subset \Sigma, \ \Theta \cup \Sigma' \nvDash \varphi \tag{4.11}$$

Llamamos $\mathcal{A}b\delta(\Theta, \varphi)$ *al conjunto de soluciones abductivas para el problema abductivo* $\langle \Theta, \varphi \rangle$.

---

[2]Cuando queramos comprobar por δ-resolución si cierta fórmula α es consecuencia lógica de $\gamma_1, \ldots, \gamma_n$, lo que haremos será comprobar si $\gamma_1 \land \ldots \land \gamma_n \to \alpha$ es universalmente válida, lo cual es equivalente por el teorema de la deducción.

En la definición 4.10, el requisito (4.8) se corresponde con el requisito fundamental de la definición 2.22. Del mismo modo, (4.9) impone la consistencia de la
explicación (definición 2.23), y (4.10) es el requisito explicativo (definición 2.24).
Finalmente, (4.11) introduce el criterio de minimalidad (definición 2.28).

Si eliminamos de la definición anterior los requisitos de consistencia y
explicativo, nos quedamos con conjuntos de soluciones planas minimales.
En las demostraciones, nos resultará útil centrarnos a veces en soluciones de
este tipo para luego exigir los requisitos adicionales. La siguiente definición
introduce la idea de un *modelo mínimo* de α, se trata de un conjunto de literales
Σ de los que α es consecuencia lógica, pero no existe ningún subconjunto
propio $\Sigma' \subset \Sigma$ tal que α sea consecuencia lógica de Σ'. Más abajo vemos cómo
formular los requisitos de la definición 4.10 mediante la noción de modelo
mínimo.

Definición 4.11 (Modelo mínimo) *Un conjunto satisfactible de literales* $\Sigma \subset$
$\mathcal{L}_p$ *es un modelo mínimo de* $\alpha \in \mathcal{L}_p$ *syss*

$$\Sigma \vDash \alpha \tag{4.12}$$

$$\textit{Para todo } \Sigma' \subset \Sigma, \ \ \Sigma' \nvDash \alpha \tag{4.13}$$

Observación 4.12 Una conclusión directa de la definición 4.11 es que para
todo conjunto satisfactible de literales $\Sigma \subset \mathcal{L}_p$ y toda fórmula $\alpha \in \mathcal{L}_p$, si $\Sigma \vDash \alpha$,
entonces existe un conjunto $\Sigma' \subseteq \Sigma$ que es un *modelo mínimo* de α.

Observación 4.13 A partir de la definición 4.11, usando el teorema de la deducción, podemos transformar los requisitos (4.8) y (4.11) de la definición 4.10
(dado que Σ es satisfactible, lo que está garantizado por (4.9)) en lo siguiente:

$$\Sigma \textit{ es un modelo mínimo de } \neg\theta \vee \varphi \tag{4.14}$$

donde θ es $\bigwedge_{\eta \in \Theta} \eta$, dado que $\Theta \cup \Sigma \vDash \varphi$, $\Sigma \vDash \theta \to \varphi$ y $\Sigma \vDash \neg\theta \vee \varphi$ son expresiones
equivalentes.

Además, las condiciones (4.9) y (4.10) se pueden traducir a:

$$\Sigma \nvDash \neg\theta \tag{4.15}$$

$$\Sigma \nvDash \varphi \tag{4.16}$$

Por tanto, Σ es una solución abductiva para el problema abductivo $\langle \Theta, \varphi \rangle$ syss
se verifican (4.14)–(4.16).

La observación anterior indica que dado un problema abductivo $\langle \{\eta_1, \ldots, \eta_n\}, \varphi \rangle$, el conjunto de literales Σ es una solución abductiva syss es un modelo
mínimo de $\neg(\eta_1 \wedge \ldots \wedge \eta_n) \vee \varphi$, pero no implica ni $\neg(\eta_1 \wedge \ldots \wedge \eta_n)$ ni φ. Así, la
búsqueda de soluciones abductivas se podrá reducir a buscar modelos míni-
mos de la disyunción $\neg(\eta_1 \wedge \ldots \wedge \eta_n) \vee \varphi$ que no sean modelo de ninguno de
sus términos.

Ahora podemos demostrar la completud abductiva del cálculo de δ-resolución. Probamos que, a partir de cualquier fórmula proposicional podemos
derivar mediante δ-resolución cualquier modelo mínimo suyo.

Teorema 4.14 (Completud abductiva) *Sea A la forma δ-clausal de $\alpha \in \mathcal{L}_p$. Entonces, $A \vdash_\delta \Sigma$ para cada Σ que sea un modelo mínimo de α.*

Prueba. Si $\Sigma = \{\lambda_1, \ldots, \lambda_n\}$ es un modelo mínimo de α entonces, por la definición 4.11, $\Sigma \models \alpha$, por tanto, por el teorema de la deducción, $\models (\lambda_1 \wedge \ldots \wedge \lambda_n) \rightarrow \alpha$, y por evaluación de $\rightarrow$ y $\neg$, $\models \overline{\lambda_1} \vee \ldots \vee \overline{\lambda_n} \vee \alpha$. Como $A \cup \{\{\overline{\lambda_1}\}, \ldots, \{\overline{\lambda_n}\}\}$ es la forma δ-clausal de la última fórmula tenemos que, por ser universalmente válida, es posible obtener $\square$ desde ella (teorema 4.8), mediante una prueba que llamamos $\mathcal{D}em$. Podemos construir una prueba paralela a $\mathcal{D}em$, llamada $\mathcal{D}em'$, que solo usa δ-cláusulas de A. Por tanto, cuando en $\mathcal{D}em$, se usa una δ-cláusula de tipo $\{\overline{\lambda_i}\}$, $1 \leq i \leq n$, no se hace nada en $\mathcal{D}em'$. Es fácil observar que la última δ-cláusula de $\mathcal{D}em'$ debe ser $\Sigma' \subseteq \Sigma$, porque cada δ-cláusula $\{\overline{\lambda_i}\}$ solo puede eliminar el literal λ_i de la prueba. Pero si $\Sigma' \subset \Sigma$, por el teorema 4.7 tendríamos $\Sigma' \models A$, lo que equivale a $\Sigma' \models \alpha$, cosa que contradice la suposición de que Σ es un modelo mínimo de α. Por tanto, $\Sigma' = \Sigma$. ∎

El teorema 4.14 demuestra que, a partir de una forma δ-clausal, podemos alcanzar sus modelos mínimos. Ahora vamos a ver la forma de proceder para obtenerlos. La presentaremos con la noción de saturación mediante δ-resolución (definición 4.18). En las pruebas mediante δ-resolución, igual que en la resolución clásica, podemos prescindir de ciertas δ-cláusulas que aparezcan. En nuestro caso eliminaremos las δ-cláusulas contradictorias y las subsumidas por otras δ-cláusulas. Veamos la justificación.

Definición 4.15 (Subsunción de δ-cláusulas) *Dadas las δ-cláusulas Σ y Σ', decimos que Σ' subsume a Σ syss $\Sigma' \subset \Sigma$.*

Corolario 4.16 (Regla de subsunción) *Dadas cualesquiera δ-cláusulas Γ, Σ y Λ y la forma δ-clausal A, si $A \cup \{\Sigma\} \cup \{\Sigma \cup \Lambda\} \vdash_\delta \Gamma$ y Γ es satisfactible, entonces existe una δ-cláusula Γ' tal que $A \cup \{\Sigma\} \vdash_\delta \Gamma'$ y $\Gamma' \subseteq \Gamma$.*

Prueba. Si eliminamos $\Sigma \cup \Lambda$ de $A \cup \{\Sigma\} \cup \{\Sigma \cup \Lambda\}$, la forma δ-clausal resultante, $A \cup \{\Sigma\}$, es equivalente a la primera, como se puede observar fácilmente a partir de las definiciones 4.1 y 4.2. Por el teorema 4.7, $\Gamma \models A \cup \{\Sigma\} \cup \{\Sigma \cup \Lambda\}$, y dada la equivalencia mencionada, $\Gamma \models A \cup \{\Sigma\}$. Pero sea $\alpha \in \mathcal{L}_p$ una fórmula cuya forma δ-clausal sea $A \cup \{\Sigma\}$ (observación 4.4). Entonces, $\Gamma \models \alpha$ y, teniendo en cuenta la observación 4.12, existe una $\Gamma' \subseteq \Gamma$ tal que Γ' es un modelo mínimo de α. Entonces, por el teorema 4.14, $A \cup \{\Sigma\} \vdash_\delta \Gamma'$. ∎

Corolario 4.17 (Eliminación de δ-cláusulas contradictorias) *Sean una δ-cláusula satisfactible Σ, una forma δ-clausal A y literales λ, $\neg\lambda$, γ_1, $\ldots$, γ_n. Si $A \cup \{\{\lambda, \neg\lambda, \gamma_1, \ldots, \gamma_n\}\} \vdash_\delta \Sigma$, entonces existe una $\Sigma' \subseteq \Sigma$ tal que $A \vdash_\delta \Sigma'$.*

Prueba. Dado que $\{\lambda, \neg\lambda, \gamma_1, \ldots, \gamma_n\}$ no es satisfactible, $A \cup \{\{\lambda, \neg\lambda, \gamma_1, \ldots, \gamma_n\}\}$ es equivalente a A (definiciones 4.1 y 4.2). Por tanto, por el teorema 4.7, $\Sigma \models A$. Sea α una fórmula con forma δ-clausal A (observación 4.4). Entonces, $\Sigma \models \alpha$ y, por la observación 4.12, $\Sigma' \subseteq \Sigma$ es un modelo mínimo de α. Por tanto, por el teorema 4.14, $A \vdash_\delta \Sigma'$. ∎

Definición 4.18 (Saturación mediante δ-resolución) *Dada la forma δ-clausal A, el conjunto* saturación mediante δ-resolución *de A, que representamos por* A^δ, *es el conjunto mínimo que contiene cada δ-cláusula Σ tal que*

- Σ *es satisfactible.*

- $A \vdash_\delta \Sigma$.

- *No existe $\Sigma' \subset \Sigma$ tal que $A \vdash_\delta \Sigma'$.*

Observación 4.19 Dado un conjunto finito de δ-cláusulas A, A^δ también es finito, dado que el conjunto de posibles δ-cláusulas que se pueden formar a partir de un conjunto de literales U (los literales que aparecen en A) es exactamente $\mathcal{P}(U)$ (el conjunto potencia de U). Entonces, A^δ será un subconjunto de $\mathcal{P}(U)$ que podrá obtenerse tras un número finito de aplicaciones de la regla de δ-resolución, cuando no sea posible obtener ninguna δ-cláusula nueva.

Corolario 4.20 (Propiedad fundamental de la saturación) *Sea A la forma δ-clausal de α. Entonces, A^δ es el conjunto de modelos mínimos de α.*

Prueba. El teorema 4.14 prueba que cada Σ que sea un modelo mínimo de α se obtiene mediante δ-resolución desde A. Por la definición 4.18, Σ pertenece a A^δ, dado que Σ es satisfactible (definición 4.11) y no existe ninguna $\Sigma' \subset \Sigma$ tal que $A \vdash_\delta \Sigma'$ (sería contradictorio con el hecho de que Σ sea un modelo mínimo de α, porque por el teorema 4.7, $\Sigma' \vDash A$). Por tanto, todo modelo mínimo de α pertenece a A^δ. Por otro lado, probemos que toda δ-cláusula Σ de A^δ es un modelo mínimo de α. Por la definición 4.18, Σ es satisfactible y $A \vdash_\delta \Sigma$. Por tanto, $\Sigma \vDash A$ (teorema 4.7) y $\Sigma \vDash \alpha$ (definición 4.2). El único caso en que Σ podría no ser un modelo mínimo de α es (observación 4.12) que $\Sigma' \subset \Sigma$ fuera un modelo mínimo de α. Pero entonces, por el teorema 4.14, $A \vdash_\delta \Sigma'$, lo que sería contradictorio con la definición 4.18. Por tanto, Σ es un modelo mínimo de α. ∎

Observación 4.21 Dada A, una forma de construir A^δ es obtener cada δ-resolvente posible a partir de las δ-cláusulas originales y de las que vayan apareciendo. En el proceso se pueden eliminar las δ-cláusulas contradictorias y aquellas que resulten subsumidas por otras δ-cláusulas. Computacionalmente, este proceso es muy costoso, por lo que se pueden usar las mismas estrategias que siguen los demostradores automáticos que emplean el cálculo de resolución.

Teorema 4.22 (Teorema fundamental de la δ-resolución) *Sea $\langle\{\theta_1,\ldots,\theta_n\},\varphi\rangle$ un problema abductivo. Si N_Θ y O son respectivamente las formas δ-clausales de $\neg(\theta_1 \wedge \ldots \wedge \theta_n)$ y φ, entonces*

$$\mathcal{A}b\delta\left(\Theta,\varphi\right) = \left(N_\Theta^\delta \cup O^\delta\right)^\delta - \left(N_\Theta^\delta \cup O^\delta\right)$$

Prueba. En primer lugar, sea $\Sigma \in \mathcal{A}b\delta(\Theta,\varphi)$. Como se explica en la observación 4.13, esto significa que:

- Σ es un modelo mínimo de $\neg(\theta_1 \wedge \ldots \wedge \theta_n) \vee \varphi$. Pero esta fórmula tiene $N_\Theta \cup O$ como forma δ-clausal, por lo que por el corolario 4.20, $\Sigma \in (N_\Theta \cup O)^\delta$. Pero $(N_\Theta^\delta \cup O^\delta)^\delta = (N_\Theta \cup O)^\delta$ (el orden en que se aplique la regla de δ-resolución a las δ-cláusulas de un conjunto A no cambia el conjunto A^δ resultante). Por tanto, $\Sigma \in (N_\Theta^\delta \cup O^\delta)^\delta$.

- $\Sigma \nvDash \neg(\theta_1 \wedge \ldots \wedge \theta_n)$ y $\Sigma \nvDash \varphi$. Entonces, por la definición 4.11, Σ no es ni un modelo mínimo de $\neg(\theta_1 \wedge \ldots \wedge \theta_n)$ ni de φ, por lo que por el corolario 4.20, tenemos que $\Sigma \notin N_\Theta^\delta$ y $\Sigma \notin O^\delta$, respectivamente.

Los tres resultados obtenidos ($\Sigma \in (N_\Theta^\delta \cup O^\delta)^\delta$, $\Sigma \notin N_\Theta^\delta$ y $\Sigma \notin O^\delta$) nos permiten concluir que $\Sigma \in (N_\Theta^\delta \cup O^\delta)^\delta - (N_\Theta^\delta \cup O^\delta)$.

Ahora, supongamos que $\Sigma \in (N_\Theta^\delta \cup O^\delta)^\delta - (N_\Theta^\delta \cup O^\delta)$. Para probar $\Sigma \in \mathcal{A}b\delta(\Theta, \varphi)$, partimos de lo siguiente:

- $\Sigma \in (N_\Theta^\delta \cup O^\delta)^\delta$. Como se ha observado, esto equivale a $\Sigma \in (N_\Theta \cup O)^\delta$, y por ser $N_\Theta \cup O$ la forma δ-clausal de $\neg(\theta_1 \wedge \ldots \wedge \theta_n) \vee \varphi$, entonces, por el corolario 4.20, Σ es un modelo mínimo de $\neg(\theta_1 \wedge \ldots \wedge \theta_n) \vee \varphi$.

- $\Sigma \notin N_\Theta^\delta$. Entonces, dado que N_Θ es la forma δ-clausal de $\neg(\theta_1 \wedge \ldots \wedge \theta_n)$, por el corolario 4.20 tenemos que Σ no es un modelo mínimo de $\neg(\theta_1 \wedge \ldots \wedge \theta_n)$. Pero supongamos $\Sigma \vDash \neg(\theta_1 \wedge \ldots \wedge \theta_n)$. Entonces, por la observación 4.12, existe una $\Sigma' \subset \Sigma$ tal que Σ' es un modelo mínimo de $\neg(\theta_1 \wedge \ldots \wedge \theta_n)$. Pero entonces $\Sigma' \in N_\Theta^\delta$ (corolario 4.20), lo que contradice $\Sigma \in (N_\Theta^\delta \cup O^\delta)^\delta$, porque Σ es subsumida por Σ'. Por tanto, $\Sigma \nvDash \neg(\theta_1 \wedge \ldots \wedge \theta_n)$.

- $\Sigma \notin O^\delta$. Dado que O es la forma δ-clausal de φ, por el corolario 4.20 tenemos que Σ no es un modelo mínimo de φ. Supongamos que $\Sigma \vDash \varphi$. Entonces, por la observación 4.12, existe una $\Sigma' \subset \Sigma$ tal que Σ' es un modelo mínimo de φ, y por tanto $\Sigma' \in O^\delta$ (corolario 4.20), lo que contradice $\Sigma \in (N_\Theta^\delta \cup O^\delta)^\delta$, porque Σ es subsumida por Σ'. Por tanto, $\Sigma \nvDash \varphi$.

Los tres resultados obtenidos (que Σ es un modelo mínimo de $\neg(\theta_1 \wedge \ldots \wedge \theta_n) \vee \varphi$, $\Sigma \nvDash \neg(\theta_1 \wedge \ldots \wedge \theta_n)$ y $\Sigma \nvDash \varphi$) son los mismos que se indicaron en la observación 4.13, por lo que $\Sigma \in \mathcal{A}b\delta(\Theta, \varphi)$. ∎

Corolario 4.23 *Dadas $\alpha, \beta \in \mathcal{L}_p$ cuyas formas δ-clausales son, respectivamente, A y B, se verifica que $\alpha \vDash \beta$ syss para toda $\Sigma \in A^\delta$ existe una $\Sigma' \in B^\delta$ tal que $\Sigma' \subseteq \Sigma$.*

Prueba. Supongamos que $\alpha \vDash \beta$ y $\Sigma \in A^\delta$. Entonces, por el corolario 4.20, Σ es un modelo mínimo de α, lo que por la definición 4.11 significa que $\Sigma \vDash \alpha$. Pero $\alpha \vDash \beta$, por lo que $\Sigma \vDash \beta$. Como se indicó en la observación 4.12, existe una $\Sigma' \subseteq \Sigma$ tal que Σ' es un modelo mínimo de β. Por tanto, por el corolario 4.20, $\Sigma' \in B^\delta$.

Ahora, supongamos que para toda $\Sigma \in A^\delta$ existe una $\Sigma' \in B^\delta$ tal que $\Sigma' \subseteq \Sigma$. Probemos que $\alpha \vDash \beta$. Sea v una interpretación tal que $v \vDash \alpha$. Entonces, sea $\Sigma^\star$ la δ-cláusula compuesta por todos los literales satisfechos por v que sean o bien variables proposicionales que ocurran en α o sus negaciones. Es obvio que $\Sigma^\star \vDash \alpha$. Entonces (observación 4.12) existe una δ-cláusula $\Sigma \subseteq \Sigma^\star$ tal que Σ es un modelo mínimo de α, y por el corolario 4.20, $\Sigma \in A^\delta$. Entonces, existe una $\Sigma' \subseteq \Sigma$ tal que $\Sigma' \in B^\delta$. Por tanto, Σ' es un modelo mínimo de β, y por tanto $\Sigma' \vDash \beta$, y como $\Sigma' \subseteq \Sigma^\star$, $v \vDash \Sigma'$ entonces $v \vDash \beta$. Finalmente, $\alpha \vDash \beta$. ∎

4.2. El proceso abductivo

Como hemos comentado en el capítulo 2, la abducción se puede entender en su doble naturaleza de *proceso* y *producto*. Más arriba hemos mostrado (teorema 4.22), que el cálculo de δ-resolución obtiene buenos productos. Ahora veamos que también nos permite definir un *proceso* abductivo:

Definición 4.24 (Proceso abductivo) *Partimos de $\langle \Theta, \varphi \rangle$, donde $\Theta = \{\theta_1, \ldots, \theta_n\} \subset \mathcal{L}_p$ y $\varphi \in \mathcal{L}_p$.*

Paso 1: Análisis de la teoría. *Sea N_Θ la forma δ-clausal de $\neg(\theta_1 \wedge \ldots \wedge \theta_n)$. Entonces:*

- *Si N_Θ no contiene ninguna δ-cláusula satisfactible, entonces Θ es universalmente válida, y el proceso termina[3].*
- *En otro caso, se obtiene N_Θ^δ, y:*
  - *Si $\square \in N_\Theta^\delta$, entonces Θ no es satisfactible, y el proceso termina[4].*
  - *En otro caso, continuamos al paso 2.*

Paso 2: Análisis de la observación. *Sea O la forma δ-clausal de φ.*

- *Si O no contiene ninguna δ-cláusula satisfactible, entonces φ no es satisfactible, y el proceso termina[5].*
- *En otro caso, se obtiene O^δ y:*
  - *Si $\square \in O^\delta$, entonces φ es universalmente válida, y el proceso termina[6].*
  - *En otro caso, continuamos al paso 3.*

Paso 3: Búsqueda de refutaciones. *Si por cada δ-cláusula $\Sigma \in O^\delta$ hay una $\Sigma' \subseteq \Sigma$ tal que $\Sigma' \in N_\Theta^\delta$, entonces $\Theta \vDash \neg\varphi$, y el proceso termina. En otro caso, continuamos al paso 4.*

Paso 4: Búsqueda de explicaciones. *Desde N_Θ^δ y O^δ, obtenemos $(N_\Theta^\delta \cup O^\delta)$ y $(N_\Theta^\delta \cup O^\delta)^\delta$.*

- *Si $\square \in (N_\Theta^\delta \cup O^\delta)^\delta$, entonces $\Theta \vDash \varphi$ y el proceso termina.*

---

[3]Cuando Θ es universalmente válida, $\langle \Theta, \varphi \rangle$ no puede tener soluciones abductivas en el sentido de la definición 4.10, porque toda δ-cláusula Σ que satisfaga (4.8) no puede satisfacer (4.10).
[4]$\langle \Theta, \varphi \rangle$ no puede ser un problema abductivo porque $\Theta \vDash \varphi$ (y también $\Theta \vDash \neg\varphi$).
[5]En este caso, Θ verifica trivialmente $\Theta \vDash \neg\varphi$, por lo que $\langle \Theta, \varphi \rangle$ no es un problema abductivo.
[6]$\langle \Theta, \varphi \rangle$ no es un problema abductivo, dado que $\Theta \vDash \varphi$.

- En otro caso, $\langle \Theta, \varphi \rangle$ es un problema abductivo. Devolvemos

$$\mathcal{A}b\delta\,(\Theta, \varphi) = \left(N_\Theta^\delta \cup O^\delta\right)^\delta - \left(N_\Theta^\delta \cup O^\delta\right)$$

El proceso abductivo presentado va más allá de la búsqueda de soluciones para un problema abductivo dado. Ahora, para cada $\Theta \subset \mathcal{L}_p$ y $\varphi \in \mathcal{L}_p$, el proceso, en primer lugar, determina si $\langle \Theta, \varphi \rangle$ es un problema abductivo y, solo en caso afirmativo, devuelve todas las soluciones abductivas. Y todo se realiza mediante operaciones de δ-resolución.

Corolario 4.25 (Corrección del proceso abductivo) *Para toda* $\Theta \subset \mathcal{L}_p$ *y* $\varphi \in \mathcal{L}_p$, *el proceso abductivo descrito en la definición 4.24 para* $\langle \Theta, \varphi \rangle$ *es correcto.*

Prueba. Dada una fórmula $\alpha \in \mathcal{L}_p$ con A como forma δ-clausal, $\square \in A^\delta$ syss $\vDash \alpha$. Además, α no es satisfactible syss A no lo es tampoco, lo que significa, dadas las definiciones 4.1 y 4.2, que no hay ninguna δ-cláusula satisfactible en A. Con estas observaciones, la prueba de corrección de los pasos 1 y 2 del proceso abductivo es directa. El paso 3 es una consecuencia del corolario 4.23. Para el paso 4, si $\square \in (N_\Theta^\delta \cup O^\delta)^\delta$, entonces $N_\Theta^\delta \cup O^\delta$ es universalmente válida (teorema 4.7). Pero esta es la forma δ-clausal de $\neg(\theta_1 \wedge \ldots \wedge \theta_n) \vee \varphi$, por lo que $\vDash \neg(\theta_1 \wedge \ldots \wedge \theta_n) \vee \varphi$, que equivale a $\Theta \vDash \varphi$. En otro caso, el paso 4 construye el conjunto $\mathcal{A}b\delta(\Theta, \varphi)$ según se prueba en el teorema 4.22. ∎

4.3. Ejemplos

Ejemplo 4.26 Consideremos el problema abductivo $\langle \Theta, \varphi \rangle$ con

$$\begin{aligned} \Theta &= \{p \wedge r \to m,\ s \to m,\ \neg p\} \\ \varphi &= m \end{aligned}$$

Veamos, paso a paso, cómo se aplica el proceso abductivo de la definición 4.24.

- **Paso 1.** Comenzamos por obtener N_Θ, la forma δ-clausal de $\neg((p \wedge r \to m) \wedge (s \to m) \wedge \neg p)$. Para ello, transformamos esta fórmula en forma normal disyuntiva (ver definición 2.15 y teorema 2.17) y obtenemos su forma δ-clausal como se indica en la observación 4.3,

$$N_\Theta = \{\{p, r, \neg m\}, \{s, \neg m\}, \{p\}\}$$

Dado que N_Θ contiene δ-cláusulas satisfactibles, la teoría no es universalmente válida. Obtenemos N_Θ^δ, para lo cual solo tenemos que eliminar la δ-cláusula $\{p, r, \neg m\}$ que queda subsumida por $\{p\}$,

$$N_\Theta^\delta = \{\{s, \neg m\}, \{p\}\}$$

Dado que $\square \notin N_\Theta^d$, la teoría es satisfactible, y continuamos al paso 2.

- **Paso 2.** Obtenemos O, la forma δ-clausal de la observación m, que resulta ser $\{\{m\}\}$. Tenemos que $O^\delta = O$. Continuamos al paso 3.

- **Paso 3.** Comprobamos si por cada δ-cláusula Σ de O^δ hay otra δ-cláusula $\Sigma' \in N^\delta_\Theta$ tal que $\Sigma' \subseteq \Sigma$. No se cumple, dado que para $\{m\} \in O^\delta$ no hay ninguna cláusula $\Sigma' \in N^\delta_\Theta$ tal que $\Sigma' \subseteq \{m\}$.

- **Paso 4.** Saturamos el conjunto

$$N^\delta_\Theta \cup O^\delta \; = \; \{\{s, \neg m\}, \{p\}, \{m\}\}$$

Para ello, aplicamos la regla de δ-resolución a las δ-cláusulas $\{s, \neg m\}$ y $\{m\}$, que nos devuelve el δ-resolvente $\{s\}$. Como esta δ-cláusula subsume a $\{s, \neg m\}$, eliminamos esta última. Finalmente,

$$\left(N^\delta_\Theta \cup O^\delta \right)^\delta \; = \; \{\{p\}, \{m\}, \{s\}\}$$

El conjunto de soluciones que devolvemos es

$$\left(N^\delta_\Theta \cup O^\delta \right)^\delta - \left(N^\delta_\Theta \cup O^\delta \right) = \{\{s\}\}$$

Por tanto, la única solución (explicativa y minimal) que obtenemos es s.

Ejemplo 4.27 Resolvamos el problema abductivo $\langle \Theta, \varphi \rangle$ con

$$\Theta \; = \; \{p \to m, \; q \wedge r \to p\}$$
$$\varphi \; = \; m$$

Procedemos paso a paso, ofreciendo menos detalles que en el ejemplo anterior.

- **Paso 1.** Tenemos que

$$N_\Theta \; = \; \{\{p, \neg m\}, \{q, r, \neg p\}\}$$
$$N^\delta_\Theta \; = \; \{\{p, \neg m\}, \{q, r, \neg p\}, \{q, r, \neg m\}\}$$

- **Paso 2.** Respecto de la observación, $O = O^\delta = \{\{m\}\}$

- **Paso 3.** No tenemos refutación.

- **Paso 4.** Ahora,

$$N^\delta_\Theta \cup O^\delta \; = \; \{\{p, \neg m\}, \{q, r, \neg p\}, \{q, r, \neg m\}, \{m\}\}$$
$$\left(N^\delta_\Theta \cup O^\delta \right)^\delta \; = \; \{\{p\}, \{q, r\}, \{m\}\}$$

El conjunto de δ-cláusulas que son soluciones abductivas es, por tanto,

$$\left(N^\delta_\Theta \cup O^\delta \right)^\delta - \left(N^\delta_\Theta \cup O^\delta \right) = \{\{p\}, \{q, r\}\}$$

Por tanto, las dos soluciones que obtenemos son

$$p$$
$$q \wedge r$$

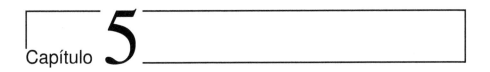

Capítulo **5**

Abducción en lógica de predicados

Cuando se intentan desarrollar formalismos para la resolución de problemas abductivos en lógica de primer orden aparece siempre el problema de la indecidibilidad: en general, no es posible determinar si, para cierto *problema abductivo*, una hipótesis propuesta es o no una *solución abductiva* correcta.

En el campo de la ASP (Answer Set Programming) es habitual la reducción de los problemas de satisfactibilidad en lógica de primer orden a dominios de cardinalidad finita. Nosotros vamos a seguir una estrategia similar, trasladaremos los problemas abductivos en lógica de predicados a modelos finitos, que llamaremos C-estructuras. Para hacer esta reducción usaremos una variante del cálculo de tablas semánticas en lógica de predicados. Una vez reducidos los problemas abductivos a modelos finitos, podremos aplicar δ-resolución del mismo modo que mostramos en el capítulo 4.

El resultado será un procedimiento abductivo que devolverá todas las soluciones abductivas *explicativas* y *minimales* para un cierto problema dentro de un determinado contexto. Estas soluciones, por lo general, no serán válidas para las versiones originales, en primer orden, de los problemas abductivos, pero sí para sus correspondientes versiones finitas, con lo que nuestro acercamiento resulta especialmente adecuado para aplicaciones de la abducción a contextos modelables en dominios finitos.

5.1. Semántica de modelos finitos

Comenzamos por presentar el lenguaje formal y la semántica con la que trabajaremos. El lenguaje $\mathcal{L}$ es un lenguaje de primer orden sin identidad ni functores. Interpretaremos sus fórmulas en C-estructuras, modelos con un dominio finito de la misma cardinalidad que el conjunto de constantes C.

Definición 5.1 (Lenguaje de primer orden) *El lenguaje formal $\mathcal{L}$ consta de:*

1. Operadores lógicos proposicionales: $\neg$, $\wedge$, $\vee$, $\rightarrow$, $\leftrightarrow$.

2. Cuantificadores: $\forall$, $\exists$, *llamados universal y existencial, respectivamente.*

3. Constantes individuales, *que nombramos con letras latinas minúsculas del comienzo del alfabeto $a, b, c, \ldots$, con índices cuando sea necesario.*

4. Variables individuales, *que nombramos con letras latinas minúsculas del final del alfabeto $x, y, z, \ldots$, con índices cuando sea necesario.*

5. Predicados, *que nombraremos con letras latinas mayúsculas P, Q, R, etc. Cada predicado tiene asociada una aridad, o número de argumentos.*

6. FOR($\mathcal{L}$), *conjunto de fórmulas de $\mathcal{L}$, que es el más pequeño que verifica*

   a) *Si $t_1, \ldots, t_n$ son constantes o variables y S es un predicado de aridad n, entonces $S(t_1, \ldots, t_n) \in FOR(\mathcal{L})$, y además a $S(t_1, \cdots, t_n)$ se le llama fórmula atómica.*

   b) *Si $\alpha \in FOR(\mathcal{L})$, entonces $\neg\alpha \in FOR(\mathcal{L})$,*

   c) *Si $\alpha, \beta \in FOR(\mathcal{L})$, entonces*

   $$(\alpha) \vee (\beta), \quad (\alpha) \wedge (\beta), \quad (\alpha) \rightarrow (\beta), \quad (\alpha) \leftrightarrow (\beta) \in FOR(\mathcal{L}).$$

   d) *Si $\alpha \in FOR(\mathcal{L})$ y x es una variable, entonces*

   $$\forall x(\alpha), \exists x(\alpha) \in FOR(\mathcal{L})$$

En ocasiones eliminaremos los paréntesis, igual que hacíamos en $\mathcal{L}_p$. Habitualmente, representaremos $S(t_1, \ldots, t_n)$ como $St_1 \cdots t_n$. Las reglas de precedencia operan igual que en $\mathcal{L}_p$, dando a los cuantificadores la misma precedencia que a la negación. De $St_1 \cdots t_n$ y $\neg St_1 \cdots t_n$ decimos que son literales complementarios.

En cuanto a la semántica, una C-estructura se define en referencia a cierto conjunto de constantes individuales C, y asigna a cada una de ellas un elemento distinto del universo de discurso. Formalmente,

Definición 5.2 (C-estructura) *Dado el conjunto $C = \{c_1, \ldots, c_n\}$ finito y no vacío de constantes de $\mathcal{L}$, definimos una C-estructura como una estructura $\mathcal{M} = \langle \mathcal{D}, \mathcal{I} \rangle$, donde $\mathcal{D}$ se llama universo de discurso y $\mathcal{I}$ función interpretación tales que,*

- $|\mathcal{D}| = |C| = n$, *y*

- *La función $\mathcal{I}$ verifica,*

  - *Para cada $c_i \in C$, $\mathcal{I}(c_i) \in \mathcal{D}$.*
  - *Si $i \neq j$, entonces $\mathcal{I}(c_i) \neq \mathcal{I}(c_j)$.*
  - *Para cada predicado S de aridad n, $\mathcal{I}(S) \in \mathcal{D}^n$.*

Definición 5.3 (Verdad en una C-estructura) *Dada una C-estructura $\mathcal{M} = \langle \mathcal{D},$ $\mathcal{I} \rangle$, definimos $\models_C$ como:*

- *Si $t_1, \ldots, t_n$ son constantes individuales, $\mathcal{M} \models_C St_1 \cdots t_n$ syss $\langle \mathcal{I}(t_i), \ldots,$ $\mathcal{I}(t_n) \rangle \in \mathcal{I}(S)$.*

- *$\mathcal{M} \models_C \neg\alpha$ syss $\mathcal{M} \not\models_C \alpha$.*

- *$\mathcal{M} \models_C \alpha \wedge \beta$ syss $\mathcal{M} \models_C \alpha$ y $\mathcal{M} \models_C \beta$.*

- *$\mathcal{M} \models_C \alpha \vee \beta$ syss $\mathcal{M} \models_C \alpha$ o $\mathcal{M} \models_C \beta$.*

- *$\mathcal{M} \models_C \alpha \rightarrow \beta$ syss $\mathcal{M} \not\models_C \alpha$ o $\mathcal{M} \models_C \beta$.*

- *$\mathcal{M} \models_C \alpha \leftrightarrow \beta$ syss $\mathcal{M} \models_C \alpha \rightarrow \beta$ y $\mathcal{M} \models_C \beta \rightarrow \alpha$.*

- *$\mathcal{M} \models_C \forall x\alpha$ syss para toda $c_i \in C$, $\mathcal{M} \models_C \alpha(x/c_i)$ [1]*

- *$\mathcal{M} \models_C \exists x\alpha$ syss existe una constante $c_i \in C$, tal que $\mathcal{M} \models_C \alpha(x/c_i)$*

Definición 5.4 (Nociones semánticas) *Dado cualquier conjunto de constantes C y cualesquiera fórmulas $\alpha, \beta \in \mathcal{L}$, decimos que:*

- *α es C-satisfactible syss existe una C-estructura $\mathcal{M}$ tal que $\mathcal{M} \models_C \alpha$.*

- *α es C-válida syss para cualquier C-estructura $\mathcal{M}$ se verifica $\mathcal{M} \models_C \alpha$; en símbolos $\models_C \alpha$.*

- *β es C-consecuencia lógica de α syss para cualquier C-estructura $\mathcal{M}$ se verifica que si $\mathcal{M} \models_C \alpha$ entonces $\mathcal{M} \models_C \beta$; en símbolos $\alpha \models_C \beta$.*

- *α y β son C-equivalentes syss $\alpha \models_C \beta$ y $\beta \models_C \alpha$; en símbolos $\alpha \equiv_C \beta$.*

Las nociones anteriores se pueden extender, de manera natural, a conjuntos de fórmulas, así como a δ-cláusulas y formas δ-clausales, teniendo en cuenta las condiciones de satisfactibilidad que imponen las definiciones 4.1 y 4.2. En ocasiones, cuando no se pueda producir ambigüedad, escribiremos $\models_C$ como $\models$.

5.2.   El cálculo de C-tablas

El cálculo de C-tablas parte de una modificación del método de las tablas semánticas [8, 48] introducida paralelamente por [10] y [17], que ya ha sido usada con fines abductivos en [36, 44], como extensión del procedimiento abductivo de [34, 2]. En esta ocasión las definimos tomando como referencia, en vez de la cardinalidad de los modelos buscados, el conjunto C de constantes que define la clase de C-estructuras en la que comprobaremos la satisfactibilidad de conjuntos de fórmulas.

---

[1]La fórmula $\alpha(x/c_i)$ representa el resultado de sustituir en α cada ocurrencia de la variable x por la constante c_i.

Definición 5.5 (Cálculo de C-tablas) *Dado un conjunto finito $\Theta \subset \mathcal{L}$ y un conjunto finito y no vacío de constantes $C = \{c_1, \dots, c_n\}$ entre las que aparecen todas las de Θ, una C-tabla de Θ, que denotamos mediante $\mathcal{T}(\Theta)_C$, es una tabla semántica que añade a las tablas proposicionales (definición 3.4) las siguientes reglas para el manejo de fórmulas cuantificadas:*

$$\frac{\forall x\varphi}{\varphi(x/c_1)} \qquad\qquad \frac{\neg\exists x\varphi}{\neg\varphi(x/c_1)}$$
$$\vdots \qquad\qquad\qquad \vdots$$
$$\varphi(x/c_n) \qquad\qquad \neg\varphi(x/c_n)$$

$$\frac{\exists x\varphi}{\varphi(x/c_1)|\dots|\varphi(x/c_n)} \qquad\qquad \frac{\neg\forall x\varphi}{\neg\varphi(x/c_1)|\dots|\neg\varphi(x/c_n)}$$

Llamamos regla γ a la que maneja fórmulas universales (tipo $\forall x\varphi$ y $\neg\exists x\varphi$) y δ a la que se aplica a fórmulas existenciales (tipo $\exists x\varphi$ y $\neg\forall x\varphi$).

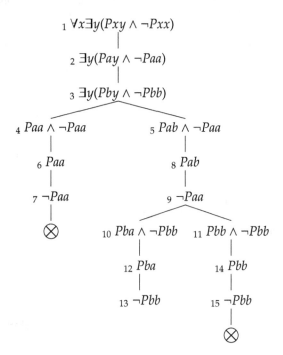

Figura 5.1: $\{a,b\}$-tabla de $\forall x\exists y(Pxy \wedge \neg Pxx)$

Ejemplo 5.6 (Construcción de una C-tabla) La figura 5.1 muestra la construcción de la $\{a,b\}$-tabla para $\forall x\exists y(Pxy \wedge \neg Pxx)$. Como se puede observar, las fórmulas cuantificadas universalmente se instancian, en la misma rama, para todas las constantes. Es lo que hacemos con la fórmula raíz 1, al instanciarla para a en 2 y para b en 3. Las fórmulas existenciales, sin embargo, producen nuevas ramas y en cada una de ellas se instancian para una constante diferente. Así, 2 se instancia en 4 (para a) y 5 (para b). Del mismo modo, 3 se instancia en 10 (para a) y 11 (para b). Por lo demás, la construcción sigue igual que en lógica proposicional. Las conjunciones son fórmulas α cuyas componentes se incluyen en la misma rama. Es el caso de la conjunción en 4, que hace que se introduzcan las fórmulas 6 y 7, produciéndose el cierre de la rama por contener los literales Paa y $\neg Paa$.

Dado un conjunto C de constantes, no todo conjunto Θ de literales es C satisfactible, incluso aunque Θ no contenga literales complementarios. Por ejemplo, el conjunto de literales $\{Pc_1, Pc_2, Pc_3, \neg Pc_4\}$ no contiene literales complementarios, y sin embargo no es $\{c_1, c_2, c_3\}$-satisfactible, como fácilmente puede comprobarse. En el siguiente lema probamos que siempre que los términos de Θ sean constantes de C, Θ será C-satisfactible si no contiene literales complementarios. Con este lema, podremos demostrar que los conjuntos de literales que pertenecen a las ramas abiertas de las C-tablas son C-satisfactibles.

Lema 5.7 *Dado un conjunto de literales Θ tal que no contiene ningún par de literales complementarios, si todos los términos que aparecen en Θ están contenidos en el conjunto de constantes C, entonces Θ es C-satisfactible.*

Prueba. Sea Θ un conjunto de literales tal como indica el enunciado del lema 5.7; supongamos que no es C-satisfactible. Entonces, por la definición 5.4 tenemos que no existe ninguna C-estructura que satisfaga simultáneamente todos los literales de Θ. Sea $\mathcal{M} = \langle \mathcal{D}, \mathcal{I} \rangle$ cualquier C-estructura. Puesto que Θ no contiene literales complementarios, solo puede ocurrir que haya en Θ dos literales $\varphi(c_1^1, \dots, c_n^1)$ y $\neg\varphi(c_1^2, \dots, c_n^2)$ tales que para algún valor de i se verifique $c_i^1 \neq c_i^2$, $1 \le i \le n$ (ya que no pueden ser literales complementarios), pero $\mathcal{I}(c_j^1) = \mathcal{I}(c_j^2)$ para todo valor de j, $1 \le j \le n$. Sin embargo esto no puede ocurrir, puesto que conlleva que dos constantes diferentes, c_i^1 y c_i^2, tengan igual interpretación, lo cual es imposible, por ser $\mathcal{M}$ una C-estructura, y $c_i^1, c_i^2 \in C$. Por tanto, negamos nuestro supuesto y concluimos que Θ es C-satisfactible. ∎

Corolario 5.8 *El conjunto de literales que pertenecen a cualquier rama abierta de una C-tabla es siempre C-satisfactible.*

Prueba. Sea Θ el conjunto de literales de una rama abierta de una C-tabla. Por la definición 5.5, todos los términos de Θ son constantes de C, y en Θ no hay literales complementarios. Entonces, por el lema 5.7, Θ es C-satisfactible. ∎

Los dos siguientes lemas prueban que un conjunto de fórmulas $\Theta \subset \mathcal{L}$ es C-satisfactible syss la C-tabla $\mathcal{T}(\Theta)_C$ es abierta. Además, cada C-estructura que satisfaga los literales de una rama abierta de $\mathcal{T}(\Theta)_C$ satisface igualmente Θ. Se corresponden a los teoremas de corrección y completud del cálculo de tablas semánticas.

Lema 5.9 *Si Σ es el conjunto de literales que pertenecen a una rama abierta de $\mathcal{T}(\{\theta_1, \dots, \theta_m\})_C$, entonces*

$$\Sigma \models_C \theta_1 \wedge \dots \wedge \theta_m$$

Prueba. Sea $\mathcal{M} = \langle \mathcal{D}, \mathcal{I} \rangle$ una C-estructura que satisface Σ, conjunto de literales de una rama abierta de $\mathcal{T}(\{\theta_1, \ldots, \theta_m\})_C$. Tomemos $C = \{c_1, \ldots, c_n\}$. Probemos que $\mathcal{M}$ satisface todas las fórmulas de dicha rama, por inducción sobre su grado lógico. En el caso base son literales que, por hipótesis, son satisfechos por $\mathcal{M}$. Supongamos que $\mathcal{M}$ satisface todas las fórmulas de la rama hasta las de grado i. Sea λ una fórmula de grado $i + 1$. No consideraremos el caso en que λ es un literal negativo, pues ya sabemos que todos son satisfechos por $\mathcal{M}$. Por tanto, γ solo puede ser:

- Una doble negación $\neg\neg\epsilon$. Entonces, como para completar la construcción de la C-tabla se debió aplicar la regla de doble negación a λ, tenemos que ϵ está en la rama, y por ser su grado lógico menor o igual a i, $\mathcal{M} \models \epsilon$, y por evaluación de $\neg$, $\mathcal{M} \models \gamma$.

- Una fórmula de tipo α. Entonces, sus dos componentes deben encontrarse en la rama, y por ser ambas de grado lógico menor o igual a i, ambas deben ser satisfechas por $\mathcal{M}$. Por evaluación de los signos lógicos de las fórmulas de tipo α, tenemos que $\mathcal{M} \models \lambda$.

- Una fórmula de tipo β. Entonces, una de sus componentes debe estar en la rama, y por ser de grado lógico menor o igual a i, es satisfecha por $\mathcal{M}$. Por evaluación de los signos lógicos de las fórmulas de tipo β, $\mathcal{M} \models \lambda$.

- Una fórmula de tipo γ, como $\forall x \varphi$ (el caso en que λ es $\neg\exists\varphi$ es similar). Entonces, como se debió aplicar la regla γ durante la construcción de la C-tabla, todas las subfórmulas tipo $\varphi(x/c_j)$, $1 \leq j \leq n$, deben estar en la rama, y por ser de grado menor o igual a i son satisfechas por $\mathcal{M}$. Además, como el valor de la función $\mathcal{I}$ para las constantes c_j recorre todo el dominio $\mathcal{D}$ se verifica, por evaluación de $\forall$, $\mathcal{M} \models \lambda$.

- Una fórmula de tipo δ, como $\exists x \varphi$ (es similar el caso en que λ es como $\neg\forall x\varphi$). Entonces, por la aplicación de la regla δ, la rama debe contener cierta subfórmula $\varphi(x/c_j)$, $1 \leq j \leq n$, que por hipótesis de inducción es satisfecha por $\mathcal{M}$. Por tanto, por evaluación de $\exists$, $\mathcal{M} \models \lambda$.

Por tanto, $\mathcal{M}$ satisface todas las fórmulas de la rama, y por ello también $\mathcal{M} \models \theta_k$, para cada $1 \leq k \leq m$. Por evaluación de $\wedge$, $\mathcal{M} \models \theta_1 \wedge \ldots \wedge \theta_m$. ∎

Lema 5.10 *Para cualquier conjunto finito C-satisfactible $\Theta \subset \mathcal{L}$ se cumple:*

1. *Cualquier C-estructura que satisfaga Θ satisface todas las fórmulas de al menos una de las ramas de $\mathcal{T}(\Theta)_C$.*

2. *$\mathcal{T}(\Theta)_C$ es abierta.*

Prueba. Sea Θ un conjunto finito de fórmulas C-satisfactible, para cierto conjunto de constantes C, y $\mathcal{M} = \langle \mathcal{D}, \mathcal{I} \rangle$ una C-estructura que satisface Θ. Demostraremos que $\mathcal{M}$ satisface todas las fórmulas de al menos una rama de $\mathcal{T}(\Theta)_C$, por inducción en el número de veces que se ha aplicado alguna regla de construcción de C-tablas. En el caso base, con 0 aplicaciones, la única rama de la C-tabla tiene solo las fórmulas de Θ, que son satisfechas por $\mathcal{M}$. Ahora supongamos que $\mathcal{M}$ satisface todas las fórmulas de cierta rama hasta la i-ésima aplicación de reglas. Consideremos la $(i+1)$-ésima regla que se aplica a cierta fórmula λ. En caso de que dicha regla no afecte a la rama que estamos estudiando, es trivial que la rama sigue siendo satisfecha por $\mathcal{M}$ tras su aplicación. En otro caso, veamos qué ocurre según dicha regla sea:

- La regla de doble negación. Entonces, λ es $\neg\neg\lambda'$, y se añade a la rama λ'. Como por hipótesis $\mathcal{M} \models \lambda$ entonces, por evaluación de $\neg$, $\mathcal{M} \models \lambda'$, con lo que $\mathcal{M}$ sigue satisfaciendo todas las fórmulas de la rama.

- La regla α. Entonces, λ tiene la forma $\lambda_1 \wedge \lambda_2$, o bien $\neg(\lambda_1 \vee \lambda_2)$, etc., y se añaden a la rama las subfórmulas λ_1 y λ_2 o bien $\neg\lambda_1$ y $\neg\lambda_2$, etc. En cualquier caso, como por hipótesis $\mathcal{M}$ satisface λ, por evaluación de los signos lógicos, $\mathcal{M}$ satisface las dos nuevas subfórmulas, por lo que $\mathcal{M}$ sigue satisfaciendo todas las fórmulas de la rama tras la aplicación de la $(i+1)$-ésima regla.

- La regla β. Entonces λ tiene la forma $\lambda_1 \vee \lambda_2$, o bien $\neg(\lambda_1 \wedge \lambda_2)$, etc., y entonces se divide la rama en dos y a cada una se añade una de las subfórmulas λ_1 y λ_2 o bien $\neg\lambda_1$ y $\neg\lambda_2$, etc. Como por hipótesis $\mathcal{M} \models \lambda$, por evaluación de los signos lógicos, $\mathcal{M}$ satisface al menos una de las dos nuevas subfórmulas, por lo que $\mathcal{M}$ satisface al menos una de las dos nuevas ramas tras la aplicación de la $(i+1)$-ésima regla.

- La regla γ. Entonces λ es $\forall x\varphi$ (si λ es $\neg\exists x\varphi$ la prueba es similar). Por tanto, al aplicar la regla γ se añaden a la rama todas las subfórmulas $\varphi(x/c_j)$, $1 \leq j \leq n$. Pero como por hipótesis $\mathcal{M} \models \forall x\varphi$ entonces, por evaluación de $\forall$ se verifica que $\mathcal{M} \models \varphi(x/c_j)$ para cada constante c_j, $1 \leq j \leq n$. Por tanto, $\mathcal{M}$ satisface la rama tras la aplicación de la regla γ.

- La regla δ. En este caso, λ es $\exists x\varphi$ (si λ es $\neg\forall x\varphi$ la prueba es similar), y por hipótesis de inducción $\mathcal{M} \models \lambda$, es decir, $\mathcal{M} \models \exists x\varphi$. Como $\mathcal{M}$ asigna a cada constante de $\mathcal{T}(\{\eta\})_C$ un elemento diferente de $\mathcal{D}$ se verifica, por evaluación de $\exists$, que para al menos una constante c_j, $1 \leq j \leq n$, $\mathcal{M} \models \varphi(x/c_j)$. Pero una de las nuevas ramas que surgen tras la aplicación de la regla δ contiene $\varphi(x/c_j)$, por lo que sigue habiendo una rama cuyas fórmulas son todas satisfechas por $\mathcal{M}$.

Al finalizar la construcción de la C-tabla habrá, por tanto, al menos una rama tal que todas sus fórmulas son satisfechas por $\mathcal{M}$, con lo que resulta probado el punto primero del lema 5.10. Pero además, entre las fórmulas de la rama satisfecha por $\mathcal{M}$ no puede haber literales complementarios. Por ello, la C-tabla es abierta, lo que prueba la segunda parte del lema. ∎

5.3. Proceso abductivo mediante C-tablas y δ-resolución

Podemos adaptar la búsqueda de soluciones abductivas presentada en el capítulo 4 a la semántica de C-estructuras. Pero antes tenemos que adaptar las nociones de problema abductivo y solución abductiva.

Definición 5.11 (Problema C-abductivo) *Dados el conjunto $\Theta \subset \mathcal{L}$ y $\varphi \in \mathcal{L}$, decimos que el par $\langle \Theta, \varphi \rangle$ es un* problema C-abductivo *syss se verifican $\Theta \not\models_C \varphi$ y $\Theta \not\models_C \neg\varphi$.*

Como vemos, lo relevante para que $\langle \Theta, \varphi \rangle$ sea un problema C-abductivo es que ni φ ni su negación sean C-consecuencia de Θ. Podemos encontrar casos en que $\Theta \not\models \varphi$ —siendo $\models$ la relación de consecuencia lógica clásica tal como habitualmente se define para lógica de primer orden— pero sin embargo $\Theta \models_C \varphi$. Lo mismo ocurre con la noción de solución C-abductiva, tal como establecemos en la definición 5.12. Si vemos los requisitos para que la δ-cláusula Σ sea una solución C-abductiva, se corresponden con la abducción explicativa minimal. Aunque no hemos presentado la definición de δ-cláusula en $\mathcal{L}$, se trata de un conjunto de literales sin variables, que se evalúa igual que las δ-cláusulas de $\mathcal{L}_p$ (definición 4.1).

Definición 5.12 (Solución C-abductiva) *Dado el problema abductivo $\langle \Theta, \varphi \rangle$, decimos que la δ-cláusula Σ es una* solución C-abductiva *al mismo syss:*

1. *$\Theta \cup \Sigma \models_C \varphi$.*

2. *$\Theta \cup \Sigma$ es C-satisfactible.*

3. *$\Sigma \not\models_C \varphi$.*

4. *No existe ninguna δ-cláusula $\Sigma' \subset \Sigma$ tal que $\Theta, \Sigma' \models_C \varphi$.*

Mediante $\mathcal{A}b\delta(\Theta, \varphi)_C$ denotamos el conjunto de soluciones C-abductivas al problema C-abductivo $\langle \Theta, \varphi \rangle$.

Dada una C-tabla, la siguiente definición nos muestra cómo podemos obtener su forma δ-clausal. Esto nos permitirá usar las C-tablas como una forma eficaz de obtener la forma δ-clausal de un conjunto de fórmulas de $\mathcal{L}$, instanciadas para cierto conjunto de constantes C. El teorema 5.14 garantiza la corrección de este método.

Definición 5.13 (Forma δ-clausal de una C-tabla) *Dada la C-tabla $\mathcal{T}(\Theta)_C$, su* forma δ-clausal, *llamada $C\delta(\mathcal{T}(\Theta)_C)$, es la más pequeña que contiene, por cada rama abierta de $\mathcal{T}(\Theta)_C$, una δ-cláusula con sus literales.*

Teorema 5.14 *Sean $\eta \in \mathcal{L}$ y $\mathcal{T}(\{\eta\})_C$ una C-tabla de $\{\eta\}$. Entonces,*

$$\eta \quad \equiv_C \quad C\delta(\mathcal{T}(\{\eta\})_C)$$

Prueba. Sea $\mathcal{M}$ una C-estructura que satisface η. Entonces, por el lema 5.10 se verifica que $\mathcal{M}$ satisface todas las fórmulas de al menos una rama de $\mathcal{T}(\{\eta\})_C$. Por tanto, $\mathcal{M}$ satisface todos los literales de dicha rama, entre los cuales no puede haber literales complementarios, con lo que son literales de una rama abierta de $\mathcal{T}(\{\eta\})_C$. Por la definición 5.13, tales literales constituyen una δ-cláusula de $C\delta(\mathcal{T}(\{\eta\})_C)$. Por las definiciones 4.1 y 4.2 tenemos que $\mathcal{M} \models C\delta(\mathcal{T}(\{\eta\})_C)$.

Ahora, sea $\mathcal{M}$ una C-estructura que satisface $C\delta(\mathcal{T}(\{\eta\})_C)$. Por las definiciones 4.1 y 4.2, $\mathcal{M}$ satisface todos los literales de al menos una rama abierta de $\mathcal{T}(\{\eta\})_C$. Por el lema 5.9, $\mathcal{M} \models \eta$. ∎

Una vez que podemos usar las C-tablas para traducir un conjunto de fórmulas de $\mathcal{L}$ a una C-estructura y obtenemos la forma δ-clausal equivalente (teorema 5.14), podemos usar el proceso abductivo presentado en la definición 4.24 para obtener soluciones C-abductivas a un problema dado. En la siguiente sección vemos algunos ejemplos.

5.4. Ejemplos

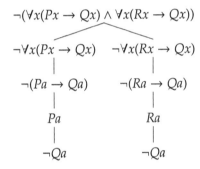

Figura 5.2: $\{a\}$-tabla de la negación de la teoría

Ejemplo 5.15 Comenzamos con un ejemplo sencillo para ilustrar cómo las C-tablas se pueden usar en combinación con la δ-resolución para resolver problemas C-abductivos. Consideremos el problema $\{a\}$-abductivo $\langle \Theta, \varphi \rangle$ donde

$$\Theta = \{\forall x(Px \rightarrow Qx),\ \forall x(Rx \rightarrow Qx)\}$$
$$\varphi = Qa$$

Tenemos que

$$\Theta \nvDash_{\{a\}} Qa$$
$$\Theta \nvDash_{\{a\}} \neg Qa$$

por lo que $\langle \Theta, \varphi \rangle$ es un problema $\{a\}$-abductivo.

Podemos solucionarlo siguiendo el proceso de la definición 4.24, empleando C-tablas para obtener las formas δ-clausales. Procedemos paso a paso:

- **Paso 1.** Debemos obtener N_Θ, la forma δ-clausal de la negación de la conjunción de las fórmulas de la teoría, es decir, de

$$\neg(\forall x(Px \to Qx) \land \forall x(Rx \to Qx))$$

El teorema 5.14 nos garantiza que podemos hacerlo a partir de los literales de las ramas abiertas de la $\{a\}$-tabla de esta fórmula, que se muestra en la figura 5.2. Por tanto,

$$N_\Theta = \{\{Pa, \neg Qa\}, \{Ra, \neg Qa\}\}$$

Saturamos este conjunto mediante δ-resolución y obtenemos $N_\Theta^\delta = N_\Theta$.

- **Paso 2.** Tenemos que $O = O^\delta = \{\{Qa\}\}$

- **Paso 3.** No hay refutación.

- **Paso 4.** Ahora,

$$
\begin{aligned}
N_\Theta^\delta \cup O^\delta &= \{\{Pa, \neg Qa\}, \{Ra, \neg Qa\}\}, \{Qa\}\} \\
\left(N_\Theta^\delta \cup O^\delta\right)^\delta &= \{\{Pa\}, \{Ra\}\}, \{Qa\}\}
\end{aligned}
$$

Con lo que las soluciones $\{a\}$-abductivas son

$$\left(N_\Theta^\delta \cup O^\delta\right)^\delta - \left(N_\Theta^\delta \cup O^\delta\right) = \{\{Pa\}, \{Ra\}\}$$

De modo que tanto Pa como Ra resuelven el problema $\{a\}$-abductivo.

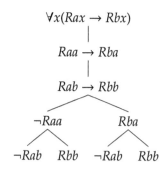

Figura 5.3: $\{a, b\}$-tabla de la observación

Ejemplo 5.16 Consideremos que R es un predicado diádico que cumple las siguientes propiedades

$$
\begin{aligned}
\theta_1 &= \forall x R xx \\
\theta_2 &= \forall x \forall y (Rxy \to Ryx) \\
\theta_3 &= \forall x \forall y \forall z (Rxy \land Ryx \to Rxz)
\end{aligned}
$$

es decir, R es una relación de equivalencia. Queremos explicar que, además, se verifique

$$\varphi = \forall x(Rax \rightarrow Rbx)$$

Siendo $\Theta = \{\theta_1, \theta_2, \theta_3\}$, tenemos que $\langle \Theta, \varphi \rangle$ es un problema $\{a, b\}$-abductivo. Vamos a resolverlo paso a paso:

- **Paso 1.** N_Θ es la forma δ-clausal de $\neg(\theta_1 \wedge \theta_2 \wedge \theta_3)$. Tras hacer la $\{a, b\}$-tabla de esta fórmula, que por su tamaño no podemos mostrar, obtenemos

$$N_\Theta = \{\{\neg Raa\}, \{\neg Rbb\}, \{Rab, \neg Rba\}, \{Rba, \neg Rab\},$$
$$\{Rab, Rba, \neg Raa\}, \{Rba, Rab, \neg Rbb\}\}$$

  Tras saturar N_Θ mediante δ-resolución obtenemos

$$N_\Theta^\delta = \{\{\neg Raa\}, \{\neg Rbb\}, \{Rab, \neg Rba\}, \{Rba, \neg Rab\}\}$$

- **Paso 2.** La figura 5.3 muestra la $\{a, b\}$-tabla de φ. Tenemos que la forma δ-clausal de la observación, O, es

$$O = \{\{\neg Raa, \neg Rab\}, \{\neg Raa, Rbb\}, \{Rba, \neg Rab\}, \{Rba, Rbb\}\}$$

  Tras saturar O mediante δ-resolución obtenemos $O^\delta = O$.

- **Paso 3.** No hay refutación, ya que hay una δ-cláusula en O^δ, a saber $\Sigma = \{Rba, Rbb\}$, para la que no existe ninguna $\Sigma' \in N_\Theta^\delta$ tal que $\Sigma' \subseteq \Sigma$.

- **Paso 4.** Ahora,

$$N_\Theta^\delta \cup O^\delta = \{\{\neg Raa\}, \{\neg Rbb\}, \{Rab, \neg Rba\}, \{Rba, \neg Rab\},$$
$$\{\neg Raa, \neg Rab\}, \{\neg Raa, Rbb\}, \{Rba, Rbb\}\}$$
$$\left(N_\Theta^\delta \cup O^\delta\right)^\delta = \{\{\neg Raa\}, \{\neg Rbb\}, \{Rba\}, \{Rab\}\}$$

  Las soluciones $\{a, b\}$-abductivas son

$$\left(N_\Theta^\delta \cup O^\delta\right)^\delta - \left(N_\Theta^\delta \cup O^\delta\right) = \{\{Rba\}, \{Rab\}\}$$

Obsérvese que las soluciones obtenidas son soluciones C-abductivas para cualquier $C \supseteq \{a, b\}$, ya que en la relación de equivalencia R basta que a y b pertenezcan a la misma clase para que se cumpla φ, es decir, que todo elemento que pertenezca a la misma clase de a pertenezca también a la mima clase de b.

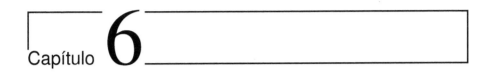

Capítulo **6**

Abducción y razonamiento automático

Dadas las aplicaciones que el razonamiento abductivo encuentra en inteligencia artificial, son numerosos los sistemas de razonamiento abductivo automático que se han construido. Como se muestra en [27], existe una gran tradición de programación lógica abductiva, con propuestas relevantes de procesos abductivos como *SLDNFA* [15].

En este capítulo vamos a presentar un sencillo razonador abductivo escrito en Prolog. En el apéndice B se puede encontrar una breve introducción a la programación lógica, con los elementos necesarios para leer el código del sistema, que se encuentra completo en el apéndice A. Hemos seguido las ideas del razonador abductivo `tarfa` [49] aunque en la implementación hemos optado por la simplicidad y legibilidad del código antes que por la eficiencia.

6.1. Construcción de un sistema de razonamiento abductivo

En esta sección comentamos los elementos principales del código del razonador abductivo que se encuentra en el apéndice A. Hemos implementado el proceso abductivo mediante C-tablas y δ-resolución que se presentó en el capítulo 5, por lo que podremos resolver con nuestro sistema problemas abductivos en lógica de predicados.

6.1.1. El lenguaje

Trabajaremos en $\mathcal{L}$, el lenguaje de la lógica de predicados de primer orden. La representación en Prolog que hemos establecido para los operadores proposicionales es la que muestra la siguiente tabla:

Operador	Símbolo
Negación	-
Conjunción	&
Disyunción	v
Implicación	=>
Doble implicación	<=>

El símbolo para la negación es un guión y para la disyunción la letra uve. Definimos estos operadores y su precedencia en Prolog de la siguiente forma:

```
:- op(400,fy,-), op(500,xfy,&), op(600,xfy,v),
   op(650,xfy,=>), op(700,xfy,<=>).
```

En cuanto a los cuantificadores, mediante all(X,F) representamos la cuantificación universal de la variable X sobre la fórmula F. La cuantificación existencial la representamos como ex(X,F). Los predicados los representamos mediante cadenas de caracteres que comienzan por una letra minúscula, con sus argumentos entre paréntesis. Como es habitual en Prolog, las constantes se escriben comenzando en minúscula y las variables en mayúscula.

Para ilustrar el lenguaje, veamos algunas fórmulas y su representación:

Fórmula	Representación
$\exists x\,(Px \wedge Qx)$	ex(X, p(X) & q(X))
$\forall x \exists y\,(Px \rightarrow Rxy \vee Ryx)$	all(X,ex(Y, p(X) => r(X,Y) v r(Y,X)))

6.1.2. Construcción de $\mathcal{C}$-tablas

Para aplicar las reglas de construcción de $\mathcal{C}$-tablas necesitamos clasificar las fórmulas de $\mathcal{L}$ en cuatro tipos: α (conjuntivas), β (disyuntivas), γ (cuantificaciones universales) y δ (cuantificaciones existenciales). Para ello disponemos, respectivamente, de los predicados alfa/3, beta/3, gamma/3 y delta/3.

En el caso de los tipos α y β, los predicados funcionan de la siguiente manera:

```
alfa(A & B, A, B).
beta(A v B, A, B).
```

Se trata de la clasificación que vimos en la definición 3.1. En el caso de alfa/3, el primer argumento es una fórmula de tipo α y los otros dos sus componentes α_1 y α_2. Del mismo modo funciona beta/3. Como es natural, para definir ambos predicados necesitamos una cláusula por cada tipo de fórmula α y β.

La clasificación de las fórmulas cuantificadas es un poco diferente. Veamos lo que hacemos con las fórmulas γ, ya que el tratamiento de las fórmulas δ es similar:

```
gamma(all(X,F), X,  F).
gamma(-ex(X,F), X, -F).
```

Ahora el primer argumento es la fórmula de tipo γ. La fórmula sin cuantificar es el tercer argumento. El segundo argumento es la variable. La utilidad de este argumento es que si unificamos la variable X con cualquier constante, la sustituimos por la correspondiente constante también en F.

La construcción de las C-tablas la realizamos mediante el predicado

```
tabla(+C,+Fmls,+Lits,-Tab)
```

que extiende una rama hasta completarla o cerrarla. C es el conjunto de constantes para el que construimos la tabla. Fmls es la lista de fórmulas que quedan por usar en la rama. Lits es la lista de literales que se han encontrado. El resultado de extender la rama se devolverá en Tab. Este argumento funciona como la representación conjuntista de las tablas semánticas de la definición 3.12: cada rama abierta se representa por la lista de sus literales. Como es posible que la rama que se inicia se divida posteriormente en varias, Tab será una lista de listas.

Antes de ver cómo se define el predicado, mostramos el resultado de construir la $\{a, b\}$-tabla de $\forall x \exists y (Pxy \land \neg Pxx)$:

```
?- tabla([a,b], [all(X,ex(Y, p(X,Y) & -p(X,X)))], [], Tabla).
Tabla = [[-p(b, b), p(b, a), -p(a, a), p(a, b)]].
```

Como al comenzar a construir la tabla no se ha encontrado ningún literal, el tercer argumento de la llamada a tabla/4 es vacío. En el cuarto argumento nos devuelve la representación conjuntista de la tabla, solo hay una rama abierta con los literales que se muestran. Se puede observar que se trata de los mismos literales que aparecen en la única rama abierta de la figura 5.1.

Veamos ahora cómo se define este predicado. Necesitamos una cláusula para tratar cada uno de los siguientes casos:

- **Dobles negaciones.** Cuando encontramos una doble negación, añadimos a la rama la fórmula sin los negadores:

```
tabla(C,[-(-Fml)|Rest],Lits,Tab):-!,
      tabla(C,[Fml|Rest],Lits,Tab).
```

- **Fórmulas α.** En este caso, añadimos a la rama las dos componentes α_1 y α_2:

```
tabla(C,[Alpha|Rest],Lits,Tab):-
      alfa(Alpha,A1,A2),!,
      tabla(C,[A1,A2|Rest],Lits,Tab).
```

- **Fórmulas β.** Ahora, por cada una de las componentes β_1 y β_2 tenemos que construir una rama, por eso hacemos dos llamadas a tabla/4. Finalmente, unimos mediante append/3 los resultados de ambas ramas:

```
tabla(C,[Beta|Rest],Lits,Tab):-
      beta(Beta,B1,B2),!,
      tabla(C,[B1|Rest],Lits,T1),
      tabla(C,[B2|Rest],Lits,T2),
      append(T1,T2,Tab).
```

- **Fórmulas γ.** Las fórmulas universales se instancian con todas las constantes de C y se incluyen en la rama. La llamada que aparece a findall/3 realiza estas instancias, una por cada elemento de C. Se puede observar aquí la utilidad del segundo argumento de gamma/3, ya que la llamada a copy_term/2 unifica X con cada constante I a la vez que en la fórmula sin cuantificar G se sustituye X por I para obtener la fórmula F. Finalmente unimos estas sustituciones al resto de fórmulas en la rama y seguimos su construcción:

```
tabla(C,[Gamma|Rest],Lits,Tab):-
       gamma(Gamma, X, G),!,
       findall(F,(member(I,C),
                  copy_term((X,G),(I,F))),Insts),
       append(Insts,Rest,Forms),
       tabla(C,Forms,Lits,Tab).
```

- **Fórmulas δ.** Ahora también hacemos todas las sustituciones de la variable X por cada una de las constantes de C, pero por cada una de ellas construimos una tabla. Son las distintas ramas que produce la regla δ. El uso de [T1|TR] hace que nos quedemos solo con las tablas que contengan alguna rama abierta. Finalmente, devolvemos la unión de todas estas tablas abiertas:

```
tabla(C,[Delta|Rest],Lits,Tab):-
       delta(Delta, X, G),!,
       findall([T1|TR],
               (member(I,C),copy_term((X,G),(I,F)),
                  tabla(C,[F|Rest],Lits,[T1|TR])),Tabs),
       append(Tabs,Tab).
```

- **Literales.** Cuando encontramos un literal Lit buscamos si su complementario está entre los literales Lits que se han encontrado. El predicado buscaLit/3 tiene éxito si Lit o su complementario están en Lits. Si R=i es que encuentra el mismo literal, por lo que se sigue construyendo la tabla. En otro caso, R=n, lo que significa que se encuentra el literal complementario de Lit, por lo que se devuelve la lista vacía [ ] como tabla. En caso de que buscaLit/3 falle, es que no se encuentran ni Lit ni su complementario entre los literales de la rama, por lo que se añade Lit como nuevo literal y se continúa la construcción de la rama:

```
tabla(C,[Lit|Rest],Lits,Tab):-
       (buscaLit(Lit,Lits,R) ->
           (R = i -> tabla(C,Rest,Lits,Tab);Tab = []);
           tabla(C,Rest,[Lit|Lits],Tab)),!.
```

- **Rama abierta.** Cuando vaciamos la lista de fórmulas por usar de la rama, devolvemos la lista de literales encontrados como rama abierta:

```
tabla(_C,[],Lits,[Lits]).
```

6.1.3. Cálculo de δ-resolución

Recordemos que la definición 5.13 y el teorema 5.14 nos decían cómo obtener la forma δ-clausal equivalente a una fórmula de $\mathcal{L}$ a partir de su C-tabla. El predicado dcls/3 hace esto. Le tenemos que dar como argumentos C, el conjunto de constantes, y la fórmula Fml. Nos devuelve la forma δ-clausal Dcls que obtiene haciendo su C-tabla:

```
dcls(C,Fml,Dcls):-
        tabla(C,[Fml],[],Tab),subs(Tab,Dcls).
```

El cálculo de δ-resolución lo hemos implementado mediante el predicado dres(+S, -SD). Le damos como argumento de entrada S, que es un conjunto de δ-cláusulas, y nos devuelve SD, la saturación mediante δ-resolución (definición 4.18) de S. Hemos optado por una implementación que busca la brevedad y claridad del código, sacrificando eficiencia. Para una implementación más eficiente ver, por ejemplo, [49].

Comenzamos por mostrar un ejemplo de uso de este predicado:

```
?- dres([[-p,q],[p],[-q,r]], DS).
DS = [[r], [q], [p]].
```

Como vemos, dado el conjunto de δ-cláusulas $\{\{\neg p, q\}, \{p\}, \{\neg q, r\}\}$, el resultado de saturarlo mediante δ-resolución es $\{\{r\}, \{p\}, \{q\}\}$.

Veamos ahora la definición de dres/2:

```
dres(Set1,Res):-
   select(D1,Set1,Set2),
   select(-Lit,D1,R1),
   member(D2,Set2),
   select(Lit,D2,R2),
   append(R1,R2,DF1),
   sort(DF1,DF),
   \+ maplist(member,[-L,L],[DF,DF]),
   \+ (member(D3,Set1),subset(D3,DF)),!,
   findall(D4,(member(D4,Set1),\+ subset(DF,D4)),SetF),
   dres([DF|SetF],Res).
dres(X,X).
```

Dada la lista de δ-cláusulas Set1 tenemos que buscar dos δ-cláusulas D1 y D2 con el par de literales complementarios -Lit y Lit y crear DF, el δ-resolvente de D1 y D2. Las dos primeras llamadas a select/3 se encargan de encontrar D1, la δ-cláusula con el literal negativo -Lit. A continuación, la llamada a member/2 y la siguiente llamada a select/3 encuentran D2, una δ-cláusula con Lit. El uso de select/3 hace que las variables R1 y R2 guarden, respectivamente, el resto de quitar de D1 y D2 los literales -Lit y Lit. Por tanto, llamando a append/3 y sort/2 (para eliminar repeticiones) unimos estos restos y obtenemos el δ-resolvente DF. Antes de incorporar DF a nuestro conjunto de δ-cláusulas, comprobamos que no contiene literales complementarios (es decir, que es satisfactible) mediante la llamada a maplist/3 con member/2 y que no existe en el conjunto original de δ-cláusulas Set1 ninguna δ-cláusula D3 que subsuma a la δ-cláusula generada DF. Solo si todas estas comprobaciones tienen éxito consideramos definitivamente aplicada la regla de δ-resolución y la hacemos irreversible, por lo que introducimos el corte !. La última llamada a findall/3 selecciona del conjunto original de δ-cláusulas Set1 aquellas D4 no subsumidas por la nueva δ-cláusula DF. Estas δ-cláusulas SetF, junto a DF, constituyen la nueva lista de δ-cláusulas [DF|SetF] sobre la que se aplicará recursivamente el proceso de δ-resolución.

La segunda cláusula de dres/2, dres(X,X), nos dice que cuando no sea posible aplicar más instancias de la regla de δ-resolución en X devolvemos X como su saturación.

Para eliminar δ-cláusulas subsumidas y contradictorias utilizamos el predicado subs(+S1,-S3) que dado un conjunto de δ-cláusulas S1 devuelve S3, aquellas δ-cláusulas satisfactibles de S1 que no son subsumidas por otras:

```
subs(S1,S3) :-
        findall(X,(select(X,S1,S2),
                  \+ maplist(member,[-L,L],[X,X]),
                  \+ (member(X2,S2),X\=X2,subset(X2,X))),SR),
        sort(SR,S3).
```

La llamada a maplist/3 con el negador garantiza la satisfactibilidad de las δ-cláusulas seleccionadas. La comprobación de que no se dé subset(X2,X) garantiza que las δ-cláusulas seleccionadas X no sean subsumidas por otras δ-cláusulas X2. Finalmente, sort/2 elimina repeticiones en el conjunto resultante.

6.1.4. El proceso abductivo

Con los ingredientes que tenemos podemos implementar el proceso abductivo de la definición 4.24. El predicado abd(+C,+Theo,+Obs,-Abd) se encarga de hacer esto. C es el conjunto de constante para el que se van a construir las C-tablas. Theo es el conjunto de fórmulas correspondiente a la teoría. Obs es la fórmula correspondiente a la observación. Abd devolverá el conjunto de soluciones abductivas o un mensaje de error. Veamos el código del predicado y después lo comentaremos paso a paso (ver en el código la parte correspondiente a cada paso):

```
abd(C,Theo,Obs,Abd):-
    crear_conjuncion(Theo,ConjTheo),
    dcls(C,-ConjTheo,N_t),                          % Paso 1
    (N_t = [] -> Abd = 'Teoría univ. válida.';
      dres(N_t,N_t_d),
      (N_t_d = [[]] -> Abd = 'Teoría no sat.';
        dcls(C,Obs,O),                              % Paso 2
        (O = [] -> Abd = 'Observación no sat.';
          dres(O,O_d),
          (O_d = [[]] -> Abd = 'Observación univ. válida.';
            findall(X,(member(X,O_d),              % Paso 3
```

```
                    \+ (member(X2,N_t_d), subset(X2,X))),C1),
         (C1 = [] -> Abd = 'Refutación';
            append(C1,N_t_d,Bs1),                        % Paso 4
            subs(Bs1,Bs2),
            dres(Bs2,Bs3),
            (Bs3 = [[]] ->
               Abd = 'Observación explicada por la teoría.';
               findall(Exp,(member(Exp,Bs3),
                        \+ member(Exp,Bs2)), Abd))))))).
```

Lo primero que se hace es obtener en ConjTheo la conjunción de todas las fórmulas de la teoría. A continuación:

- **Paso 1.** Construimos en N_t la forma δ-clausal de la negación de la teoría. Si N_t = [] entonces no hay en N_t ninguna δ-cláusula satisfactible, por lo que devolvemos el mensaje de que la teoría es universalmente válida. En otro caso, saturamos N_t mediante δ-resolución para obtener N_t_d. Si N_t_d = [[]] entonces es que la única δ-cláusula en N_t_d es □, por lo que se devuelve el mensaje de que la teoría no es satisfactible. En otro caso,

- **Paso 2.** Obtenemos en O la forma δ-clausal de la observación. Como vemos, procedemos de forma análoga al paso anterior. Ahora, O_d es el resultado de saturar O mediante δ-resolución.

- **Paso 3.** En este paso se busca si hay refutación, es decir, la negación de la observación es consecuencia de la teoría. Para ello, se construye (mediante findall/3) la lista C1 de δ-cláusulas de O_d que no son subsumidas por ninguna δ-cláusula de N_t_d. Si C1 = [], entonces tenemos que la observación refuta la teoría. En otro caso,

- **Paso 4.** Reunimos en Bs1 todas las δ-cláusulas de N_t_d y C1 (aquellas de O_d no subsumidas por δ-cláusulas de N_t_d). Eliminamos las δ-cláusulas subsumidas de Bs1 y obtenemos Bs2, que tras saturarlo mediante δ-resolución nos da Bs3. Entonces, si Bs3 = [[]], es decir, solo contiene □, devolvemos el mensaje de que la observación está explicada por la teoría. En otro caso, la llamada final a findall/3 reúne en Abd todas las δ-cláusulas de Bs3 que no estaban en Bs2, que son las soluciones abductivas.

6.2. Resolución automática de problemas abductivos

En esta sección mostramos cómo formalizar y resolver problemas abductivos con el sistema construido. Todo el código de los ejemplos que mostraremos se encuentra en el apéndice A.

Para simplificar la escritura de los diversos ejemplos, utilizamos los siguientes predicados:

- `teoría(?N,?Form)` donde N es el identificador de un problema abductivo (usaremos números) y `Form` una fórmula de la teoría. Pueden existir varias cláusulas de este predicado para definir las distintas fórmulas de la teoría para un mismo problema abductivo.

- `observación(?N,?Form)` donde como antes N identifica el problema abductivo y `Form` es la observación correspondiente al problema N.

- `constantes(?N,?C)` donde C es la lista de constantes que corresponde al problema de identificador N. Cuando trabajemos en lógica proposicional, C será la lista vacía, cuando resolvamos problemas en C-estructuras, contendrá las constantes de C.

El predicado `abduce(+N,-Abd)` resuelve el problema abductivo de identificador N y devuelve en `Abd` la lista de soluciones abductivas o un mensaje. Vemos que llama a `abd/4` con los datos correspondientes al problema abductivo N:

```
abduce(N,Abd):-
        findall(T,teoría(N,T),Teoria),
        observación(N,O),
        constantes(N,C),
        abd(C,Teoria,O,Abd).
```

6.2.1. Lógica proposicional

Comenzamos con un sencillo ejemplo que nos mostrará cómo utilizar el razonador abductivo. El problema abductivo lo escribimos como:

```
teoría(1, p => m).
teoría(1, q & r => p).
observación(1, m).
constantes(1, []).
```

Se corresponde al problema abductivo $\langle \Theta, \varphi \rangle$ donde

$$\Theta \;=\; \{p \to m, q \wedge r \to p\}$$
$$\varphi \;=\; m$$

Como se trata de un problema proposicional, el conjunto de constantes es vacío.

Para resolver el problema, consultamos en Prolog el fichero con todo el código del apéndice A y entonces:

```
?- abduce(1,Abd).
Abd = [[p], [q, r]].
```

a nuestra consulta `abduce(1,Abd)` el sistema nos devuelve en `Abd` las dos soluciones abductivas encontradas, p y $q \wedge r$.

6.2.2. Lógica de predicados

Veamos un problema en lógica de predicados:

```
teoría(2, all(X,r(X,X))).
teoría(2, all(X, all(Y, r(X,Y) => r(Y,X)))).
teoría(2, all(X, all(Y, all(Z, r(X,Y) & r(Y,Z) => r(X,Z))))).
observación(2, all(X, r(a,X) => r(b,X))).
constantes(2, [a,b]).
```

Se trata del problema que presentamos en el ejemplo 5.16, donde r/2 es una relación de equivalencia, según indican las tres fórmulas de la teoría, y se trata de explicar $\forall x(Rax \rightarrow Rbx)$. Encontramos las mismas soluciones que entonces:

```
?- abduce(2,Abd).
Abd = [[r(b, a)], [r(a, b)]].
```

Tanto *Rba* como *Rab* son soluciones abductivas, ya que indican que *a* y *b* pertenecen a la misma clase de equivalencia, por lo que se cumple la observación.

Las soluciones obtenidas no son válidas solo en $\{a, b\}$-estructuras, sino que siguen siendo correctas para estructuras con un número mayor de constantes. De hecho, podemos hacer

```
constantes(2, [a,b,c]).
```

y entonces

```
?- abduce(2,Abd).
Abd = [[r(b, a)], [r(a, b)], [r(a, c), r(b, c)],
       [r(b, c), r(c, a)], [r(c, a), r(c, b)],
       [r(a, c), r(c, b)]].
```

aparecen nuevas soluciones pero las ya encontradas siguen siendo válidas.

6.2.3. Diagnosis

Una de las aplicaciones del razonamiento abductivo, como se indicó en el capítulo 1, es el modelado de problemas de diagnóstico. Dado un sistema, expresamos mediante fórmulas su comportamiento normal, así como los posibles comportamientos anómalos de sus componentes. Ante un funcionamiento inesperado del sistema, aplicamos razonamiento abductivo para determinar las posibles causas, que vendrán dadas por componentes que pueden estar fallando.

La figura 6.1 muestra un circuito lógico con tres entradas I1, I2 y I3 y una salida O3. Tanto las entradas como las salidas son binarias (valores 0 o 1). La salida es una función de la entrada que viene determinada por las puertas lógicas que componen el circuito. La puerta OR funciona como la disyunción en lógica (la salida O1 será 0 solo cuando I1 y I2 son 0). La puerta XOR es una disyunción exclusiva: su salida es 1 syss sus dos entradas tienen valor

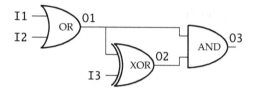

Figura 6.1: Esquema del circuito lógico

I1	I2	I3	O1	O2	O3
0	0	0	0	0	0
0	0	1	0	1	0
0	1	0	1	1	1
0	1	1	1	0	0
1	0	0	1	1	1
1	0	1	1	0	0
1	1	0	1	1	1
1	1	1	1	0	0

Tabla 6.1: Tabla de verdad del circuito

diferente. La puerta AND se comporta como la conjunción lógica: su salida es 1 solo cuando sus dos entradas son 1. La tabla 6.1 muestra la tabla de verdad correspondiente al comportamiento normal del circuito. Además de las tres entradas y la salida O3 se muestran los valores de O1 y O2.

Además, cada componente puede funcionar de forma anómala. Distinguiremos dos casos, que esté bloqueado a 0 o 1.

Supongamos que encontramos que el circuito, para la entrada (1,1,1), correspondiente a la última línea de la tabla 6.1, en vez de la salida 0 devuelve 1. Se produce un problema abductivo, que trataremos de explicar en función de los componentes que pueden estar comportándose de modo anómalo.

Antes de mostrar la formalización del problema abductivo, vamos a presentar la noción de *abducible*. Es frecuente en muchas de las aplicaciones del razonamiento abductivo que no interese cualquier explicación, sino solo las que estén construidas a partir de ciertos predicados. A estos predicados se les llama *predicados abducibles* o simplemente *abducibles*. En nuestro caso, queremos que la explicación del comportamiento anómalo del circuito se construya a partir de los predicados que afirman el comportamiento anómalo de las distintas partes del circuito.

Para filtrar las explicaciones que se construyen solo a partir de abducibles definimos el predicado filtrar_abducibles(+N,+Abd,-AbdFilt) al que daremos como entrada un identificador de problema abductivo N y un conjunto de explicaciones sin filtrar Abd. Nos devuelve en AbdFilt aquellas explicaciones de Abd que solo emplean predicados abducibles:

```
filtrar_abducibles(_N,[],[]).
filtrar_abducibles(N,[A|R],[A|FR]):-
        solo_abducibles(N,A),!,
```

```
        filtrar_abducibles(N,R,FR).
filtrar_abducibles(N,[_A|R],FR):-
        filtrar_abducibles(N,R,FR).
solo_abducibles(_N,[]).
solo_abducibles(N,[A|R]):-
        A =.. [Pred|_],
        abducible(N,Pred),
        solo_abducibles(N,R).
```

Además, usamos `abducible(+N,-Pred)` para indicar en la formalización del problema abductivo que el predicado `Pred` es un abducible para el problema `N`.

Ya podemos mostrar cómo se formaliza nuestro problema abductivo. Veamos primero el comportamiento global del sistema:

```
teoría(3,all(I1,all(I2,all(I3,all(O1,all(O2,all(O3,
        or(I1,I2,O1) & xor(O1,I3,O2) & and(O1,O2,O3) =>
        circuit(I1,I2,I3,O3))))))))).
```

Las variables cuantificadas tendrán como dominio los valores binarios 0 y 1. Vemos que se corresponden con las columnas de la tabla 6.1. Como antecedente de la implicación encontramos los tres componentes del circuito, con sus entradas y salidas. El consecuente es el predicado `circuit/4` que tiene como argumentos las tres entradas y la salida 03 del circuito.

A continuación tenemos que modelar el comportamiento normal y anormal de cada componente. Vemos como ejemplo la puerta OR, el resto se puede consultar en el apéndice A.

```
% Comportamiento normal de la puerta OR:
teoría(3,or(0,0,0)).
teoría(3,or(0,1,1)).
teoría(3,or(1,0,1)).
teoría(3,or(1,1,1)).
% Comportamiento anormal de la puerta OR:
teoría(3,or_bloqueado(0) => or(0,1,0) & or(1,0,0) & or(1,1,0)).
teoría(3,or_bloqueado(1) => or(0,0,1)).
```

Vemos que las dos posibilidades de funcionamiento anómalo son el bloqueo a 0 o a 1, representados por `or_bloqueado(0)` y `or_bloqueado(1)`.

Finalmente, escribimos la observación, el conjunto de constantes y los predicados abducibles:

```
observación(3,circuit(1,1,1,1)). % observación
constantes(3,[0,1]).             % constantes
abducible(3,or_bloqueado).       % Predicados abducibles
abducible(3,xor_bloqueado).
abducible(3,and_bloqueado).
```

Dado que los valores de las variables son binarios, solo tenemos dos constantes. Este es un ejemplo de cómo la abducción en modelos finitos se puede aplicar con éxito a ciertos problemas reales.

Ya podemos buscar las soluciones a nuestro problema y filtrar las que solo contienen predicados abducibles:

```
?- abduce(3,Abd),filtrar_abducibles(3,Abd,AbdFilt).
Abd = [[xor(1,1,1)], [and(1,0,1)], [and(0,1,1), or(1,1,0)],
       [and(0,0,1), or(1,1,0), xor(0,1,0)], [xor_bloqueado(1)],
       [xor_bloqueado(0), and(0,0,1), or(1,1,0)],
       [or_bloqueado(0), and(0,1,1)],
       [or_bloqueado(0), and(0,0,1), xor(0,1,0)],
       [or_bloqueado(0), xor_bloqueado(0), and(0,0,1)],
       [and_bloqueado(1)]],
AbdFilt = [[xor_bloqueado(1)], [and_bloqueado(1)]]
```

Por tanto, si la puerta XOR o la puerta AND están bloqueadas a 1 se puede explicar el comportamiento anómalo del circuito.

6.2.4. Razonamiento por defecto

Una de las características del razonamiento de sentido común es su falta de monotonía. Un cierto conjunto de premisas Γ, nos puede permitir concluir α pero en presencia de más información, es decir, si añadimos más premisas a Γ, puede que no concluyamos α. Por ejemplo, dadas las premisas *"si acciono el interruptor, la bombilla se encenderá"* y *"acciono el interruptor"* es legítimo concluir que *"la bombilla se encenderá"*. Pero si a las premisas añadimos la información de que *"la bombilla está fundida"*, ya no concluiremos que se encenderá.

Es posible modelar ciertas formas de razonamiento no monótono mediante razonamiento abductivo. Vamos a presentar un ejemplo de cómo es posible hacerlo. Para un tratamiento más completo ver [20].

Por defecto, consideramos que las aves vuelan. Sabemos que hay aves que no vuelan, pero generalmente, si nos dicen que Tweety es un ave, concluiríamos que vuela. Decimos que este tipo de conclusiones se obtienen *por defecto*. Pero sabemos que los pingüinos no vuelan. Por tanto, si además de saber que Tweety es un ave, sabemos que es un pingüino, concluimos que no vuela. En lógica clásica no podemos modelar estas inferencias usando deducción, ya que si tenemos

$$\forall x(Ave(x) \rightarrow Vuela(x)) \qquad y$$
$$\forall x(Pingino(x) \rightarrow \neg Vuela(x))$$

al añadir la información $Ave(tweety) \wedge Pingino(tweety)$ se produce una inconsistencia, por lo que se concluyen tanto $Vuela(tweety)$ como $\neg Vuela(tweety)$, y no solo $\neg Vuela(tweety)$ como desearíamos.

Para modelar el razonamiento por defecto existen diversas lógicas específicas. Como veremos, también podemos usar abducción. Consideremos el siguiente problema abductivo:

```
teoría(4, all(X, ave(X) & ave_normal(X) => vuela(X))).
teoría(4, all(X, pingüino(X) => -vuela(X))).
teoría(4, ave(tweety)).
```

```
observación(4,vuela(tweety)).
constantes(4,[tweety]).
```

Como se puede observar, a la regla general de que las aves vuelan hemos añadido la condición `ave_normal(X)`, que por defecto asumiremos como verdadera para todas las aves mientras ello no nos lleve a inconsistencias. A este condición se le suele llamar *condición de normalidad*. La estrategia para ver si podemos obtener cierta conclusión *por defecto*, como `vuela(tweety)` es plantearlo como un problema abductivo. Como las soluciones abductivas deben ser consistentes con la teoría, si existe una solución que solo contiene condiciones de normalidad es que éstas son consistentes con la información disponible y consideramos probada la conclusión.

Como vemos, podemos concluir por defecto que Tweety vuela,

```
?- abduce(4,Abd).
Abd = [[ave_normal(tweety)]].
```

ya que es consistente asumir que Tweety cumple la condición de normalidad referente al vuelo de las aves y con ello se obtiene la conclusión deseada.

Pero si añadimos a la teoría la afirmación de que Tweety es un pingüino,

```
teoría(4, pingüino(tweety)).
```

ahora, al buscar soluciones para ver si podemos concluir que Tweety vuela,

```
?- abduce(4,Abd).
Abd = 'Refutación'.
```

se produce una refutación, es decir, nuestra teoría prueba que Tweety no vuela.

Código completo del razonador abductivo

Mostramos el código completo del razonador abductivo presentado en el capítulo 6. Está especialmente escrito para SWI-Prolog[1], aunque puede ser adaptado a otros sistemas. En el apéndice B se puede encontrar una pequeña introducción a la programación lógica donde se describen los mecanismos de inferencia de Prolog.

En el código usamos numerosos predicados predefinidos de SWI-Prolog. Para consultar su funcionamiento se puede acudir al manual de SWI-Prolog[2].

```
/*
   Sistema de razonamiento abductivo
   Fernando Soler Toscano fsoler@us.es
   ----------------------------------------------------------------
   Se trata de una adaptación de 'tarfa' donde se ha buscado más
   la claridad y simplicidad del código que la eficiencia.

   Referencia:
   Fernando Soler Toscano, Ángel Nepomuceno Fernández,
   "Tarfa: Tableaux and resolution for finite abduction".
   Lecture Notes in Computer Science. Vol. 4160. 2006. Pag. 511-514.
*/

% OPCIONES GLOBALES:
/* Eliminamos la restricción del número máximo de elementos
   de una lista que se muestran en pantalla. */
:- set_prolog_flag(toplevel_print_options,
                    [quoted(true),
                     portray(true),
                     spacing(next_argument)]).
```

[1]http://www.swi-prolog.org
[2]http://www.swi-prolog.org/pldoc/refman/

```
/* Eliminamos la advertencia por separar cláusulas del mismo
   predicado, para poder definir juntas la teoría y la obser-
   vación de cada problema abductivo. */
:- style_check(-discontiguous).

/* Definimos los operadores proposicionales y su precedencia */
:- op(400,fy,-),        % Negación
   op(500,xfy,&),       % Conjunción
   op(600,xfy,v),       % Disyunción
   op(650,xfy,=>),      % Implicación
   op(700,xfy,<=>).     % Doble implicación
```

```
%%%%%%%%%%%%%%%%%%%%%%%%%%%%%%%%%%%%%%%%%%%%%%%%%%%%%%%%%%%%%%%%%
% Construcción de C-tablas                                     %
%%%%%%%%%%%%%%%%%%%%%%%%%%%%%%%%%%%%%%%%%%%%%%%%%%%%%%%%%%%%%%%%%
```

```
/* Clasificación de fórmulas
   alfa(?A, ?A1, ?A2) tiene éxito si A es una fórmula de tipo alfa
      cuyos componentes son A1 y A2. */
alfa(A & B, A, B).
alfa(-(A v B), -A, -B).
alfa(-(A => B), A, -B).
/* beta(?A, ?A1, ?A2) tiene éxito si A es una fórmula de tipo beta
      cuyos componentes son A1 y A2. */
beta(A v B, A, B).
beta(A => B, -A, B).
beta(-(A & B), -A, -B).
beta(A <=> B, A & B, -A & -B).
beta(-(A <=> B), A & -B, -A & B).
/* gamma(?A, ?X, ?F) tiene éxito si A es una fórmula de tipo gamma
      cuya variable es X y F es la fórmula sin cuantificar. */
gamma(all(X,F), X,  F).
gamma(-ex(X,F), X, -F).
/* delta(?A, ?X, ?F) tiene éxito si A es una fórmula de tipo delta
      cuya variable es X y F es la fórmula sin cuantificar. */
delta(ex(X,F),  X,  F).
delta(-all(X,F),X, -F).

/* tabla(+C,+Fmls,+Lits,-Tab) construye la C-tabla Tab del
   conjunto de fórmulas Fmls. El argumento Lits guarda los
   literales encontrados en la rama actual. */
tabla(C,[-(-Fml)|Rest],Lits,Tab):-!,         % Doble negación
      tabla(C,[Fml|Rest],Lits,Tab).
tabla(C,[Gamma|Rest],Lits,Tab):-             % Regla gamma
      gamma(Gamma, X, G),!,
      findall(F,(member(I,C),
                 copy_term((X,G),(I,F))),Insts),
      append(Insts,Rest,Forms),
      tabla(C,Forms,Lits,Tab).
```

```
tabla(C,[Delta|Rest],Lits,Tab):-              % Regla delta
       delta(Delta, X, G),!,
       findall([T1|TR],
               (member(I,C),copy_term((X,G),(I,F)),
                   tabla(C,[F|Rest],Lits,[T1|TR])),Tabs),
       append(Tabs,Tab).
tabla(C,[Alpha|Rest],Lits,Tab):-              % Regla alfa
       alfa(Alpha,A1,A2),!,
       tabla(C,[A1,A2|Rest],Lits,Tab).
tabla(C,[Beta|Rest],Lits,Tab):-               % Regla beta
       beta(Beta,B1,B2),!,
       tabla(C,[B1|Rest],Lits,T1),
       tabla(C,[B2|Rest],Lits,T2),
       append(T1,T2,Tab).
tabla(C,[Lit|Rest],Lits,Tab):-                % Literales
       (buscaLit(Lit,Lits,R) ->
           (R = i -> tabla(C,Rest,Lits,Tab);Tab = []);
           tabla(C,Rest,[Lit|Lits],Tab)),!.
tabla(_C,[],Lits,[Lits]).                     % Rama abierta


%%%%%%%%%%%%%%%%%%%%%%%%%%%%%%%%%%%%%%%%%%%%%%%%%%%%%%%%%%%%%%%%%%%%
% Cálculo de d-resolución                                        %
%%%%%%%%%%%%%%%%%%%%%%%%%%%%%%%%%%%%%%%%%%%%%%%%%%%%%%%%%%%%%%%%%%%%

/* dcls(+C,+Fml,-Dcls) dado un conjunto de constantes C y una
   fórmula de primer orden Fml construye su forma d-clausal
   Dcls instanciada para las constantes de C.
   El predicado opera construyendo la C-tabla de Fml. */
dcls(C,Fml,Dcls):-
       tabla(C,[Fml],[],Tab),subs(Tab,Dcls).

/* dres(+O,-Od) satura mediante d-resolución el conjunto O para
   obtener Od */
dres(Set1,Res):-
   select(D1,Set1,Set2), select(-Lit,D1,R1),
   member(D2,Set2), select(Lit,D2,R2),
   append(R1,R2,DF1),sort(DF1,DF),
   \+ maplist(member,[-L,L],[DF,DF]),
   \+ (member(D3,Set1),subset(D3,DF)),!,
   findall(D4,(member(D4,Set1),\+ subset(DF,D4)),SetF),
   dres([DF|SetF],Res).
dres(X,X).

/* subs(+O,-Os) elimina del conjunto de d-cláusulas O todas las
   subsumidas y obtiene Os. */
subs(S1,S3) :-
       findall(X,(select(X,S1,S2),
                   \+ maplist(member,[-L,L],[X,X]),
                   \+ (member(X2,S2),X\=X2,subset(X2,X))),SR),
       sort(SR,S3).
```

```
%%%%%%%%%%%%%%%%%%%%%%%%%%%%%%%%%%%%%%%%%%%%%%%%%%%%%%%%%%%%%%%%%%%%%%%%%
% Proceso abductivo                                                   %
%%%%%%%%%%%%%%%%%%%%%%%%%%%%%%%%%%%%%%%%%%%%%%%%%%%%%%%%%%%%%%%%%%%%%%%%%

/* abd(+C,+Theo,+Obs,-Abd) implementa el proceso abductivo mediante
   d-resolución:
   C es el conjunto de constante para el que se van a construir
      las C-tablas.
   Theo es el conjunto de fórmulas correspondiente a la teoría.
   Obs es la fórmula correspondiente a la observación.
   Abd devolverá el conjunto de soluciones abductivas o un mensaje
      de error. */
abd(C,Theo,Obs,Abd):-
   crear_conjuncion(Theo,ConjTheo),
   dcls(C,-ConjTheo,N_t),                              % Paso 1
   (N_t = [] -> Abd = 'Teoría univ. válida.';
     dres(N_t,N_t_d),
     (N_t_d = [[]] -> Abd = 'Teoría no sat.';
       dcls(C,Obs,O),                                  % Paso 2
       (O = [] -> Abd = 'Observación no sat.';
         dres(O,O_d),
         (O_d = [[]] -> Abd = 'Observación univ. válida.';
           findall(X,(member(X,O_d),                   % Paso 3
                      \+ (member(X2,N_t_d), subset(X2,X))),C1),
             (C1 = [] -> Abd = 'Refutación';
               append(C1,N_t_d,Bs1),                   % Paso 4
               subs(Bs1,Bs2),
               dres(Bs2,Bs3),
               (Bs3 = [[]] ->
                   Abd = 'Observación explicada por la teoría.';
                 findall(Exp,(member(Exp,Bs3),\+ member(Exp,Bs2)),
                 Abd)))))))).

%%%%%%%%%%%%%%%%%%%%%%%%%%%%%%%%%%%%%%%%%%%%%%%%%%%%%%%%%%%%%%%%%%%%%%%%%
% Predicados de uso general                                           %
%%%%%%%%%%%%%%%%%%%%%%%%%%%%%%%%%%%%%%%%%%%%%%%%%%%%%%%%%%%%%%%%%%%%%%%%%

/* buscaLit(+L,+Lits,?F) busca el literal L en la lista Lits. Si
   lo encuentra F=i, si encuentra su negación F=n, en otro caso
   falla */
buscaLit(L,[L|_],i):-!.
buscaLit(-L,[L|_],n):-!.
buscaLit(L,[-L|_],n):-!.
buscaLit(L,[_|R],X):- buscaLit(L,R,X).

/* crear_conjuncion(?Fmls, ?F) tiene éxito si F es la conjunción de
   las fórmulas de Fmls. */
crear_conjuncion([A],A):-!.
crear_conjuncion([A|R],A & Conj):-
        crear_conjuncion(R,Conj).
```

```
%%%%%%%%%%%%%%%%%%%%%%%%%%%%%%%%%%%%%%%%%%%%%%%%%%%%%%%%%%%%%%%%%%%
% Ejemplos de problemas abductivos                              %
%%%%%%%%%%%%%%%%%%%%%%%%%%%%%%%%%%%%%%%%%%%%%%%%%%%%%%%%%%%%%%%%%%%

% PREDICADOS DE ALTO NIVEL PARA RESOLUCIÓN DE PROBLEMAS ABDUCTIVOS

/* abduce(N, Abd) resuelve el problema abductivo de etiqueta N y
   devuelve en Abd las soluciones o el mensaje de error. */
abduce(N,Abd):-
        findall(T,teoría(N,T),Teoria),
        observación(N,O),
        constantes(N,C),
        abd(C,Teoria,O,Abd).

/* filtrar_abducibles(+N,+Abd,?AbdFilt) tiene éxito si dado el
   conjunto de soluciones abductivas Abd para el problema N, la
   lista AbdFilt es el subconjunto de Abd de explicaciones que
   solo emplean predicados definidos como abducibles en N. */
filtrar_abducibles(_N,[],[]).
filtrar_abducibles(N,[A|R],[A|FR]):-
        solo_abducibles(N,A),!,
        filtrar_abducibles(N,R,FR).
filtrar_abducibles(N,[_A|R],FR):-
        filtrar_abducibles(N,R,FR).
solo_abducibles(_N,[]).
solo_abducibles(N,[A|R]):-
        A =.. [Pred|_],
        abducible(N,Pred),
        solo_abducibles(N,R).

/*
   PROBLEMA 1
   Problema proposicional

   Teoría: {p => m, q & r => p}
   Observación: m

   Al ser proposicional, el conjunto de constantes es vacío.

*/

teoría(1, p => m).
teoría(1, q & r => p).
observación(1, m).
constantes(1, []).
```

```
/*


    PROBLEMA 2
    Problema en lógica de predicados

    Teoría: el predicado diádico 'r' es una relación de
    equivalencia.
    Observación: all(X, r(a,X) => r(b,X))
    Constantes: [a,b]

*/

teoría(2, all(X,r(X,X))).
teoría(2, all(X, all(Y, r(X,Y) => r(Y,X)))).
teoría(2, all(X, all(Y, all(Z, r(X,Y) & r(Y,Z) => r(X,Z))))).
observación(2, all(X, r(a,X) => r(b,X))).
constantes(2, [a,b]).


/*


    PROBLEMA 3
    Diagnosis de un circuito:

        I1 ----+----+    O1
               | OR |--+--------------------+-----+
        I2 ----+----+  |                     | AND |--- O3
                       |                     +-----+
                     +---+-----+    O2      |
                     | XOR |----------+
        I3 ----------------+-----+

    Teoría: comportamiento normal y anómalo de cada
    componente
    Observación: comportamiento anómalo del circuito
    Constantes: [0,1]

*/

% Comportamiento del sistema:
teoría(3,all(I1,all(I2,all(I3,all(O1,all(O2,all(O3,
        or(I1,I2,O1) & xor(O1,I3,O2) & and(O1,O2,O3) =>
        circuit(I1,I2,I3,O3))))))))).

% Comportamiento normal de la puerta OR:
teoría(3,or(0,0,0)).
teoría(3,or(0,1,1)).
teoría(3,or(1,0,1)).
teoría(3,or(1,1,1)).
% Comportamiento anormal de la puerta OR:
teoría(3,or_bloqueado(0) => or(0,1,0) & or(1,0,0) & or(1,1,0)).
teoría(3,or_bloqueado(1) => or(0,0,1)).
```

```
% Comportamiento normal de la puerta AND:
teoría(3,and(0,0,0)).
teoría(3,and(0,1,0)).
teoría(3,and(1,0,0)).
teoría(3,and(1,1,1)).
% Comportamiento anormal de la puerta AND:
teoría(3,and_bloqueado(1) => and(0,1,1) & and(1,0,1) & and(0,0,1)).
teoría(3,and_bloqueado(0) => and(1,1,0)).

% Comportamiento normal de la puerta XOR:
teoría(3,xor(0,0,0)).
teoría(3,xor(0,1,1)).
teoría(3,xor(1,0,1)).
teoría(3,xor(1,1,0)).
% Comportamiento anormal de la puerta XOR:
teoría(3,xor_bloqueado(0) => xor(0,1,0) & xor(1,0,0)).
teoría(3,xor_bloqueado(1) => xor(0,0,1) & xor(1,1,1)).

% observación:
observación(3,circuit(1,1,1,1)).

% constantes:
constantes(3,[0,1]).

% Predicados abducibles:
abducible(3,or_bloqueado).
abducible(3,xor_bloqueado).
abducible(3,and_bloqueado).

% Búsqueda de soluciones:
resuelve(3,AbdFilt):-
        abduce(3,Abd),
        filtrar_abducibles(3,Abd,AbdFilt).
```

```
/*

   PROBLEMA 4
   Razonamiento por defecto mediante abducción

   Teoría:
   - Las aves vuelan normalmente.
   - Los pingüinos no vuelan.
   - Tweety es un ave
   - Tweety es un pingüino (opcional)
   Observación: vuela(tweety)
   Constantes: [tweety]

*/

teoría(4, all(X, ave(X) & ave_normal(X) => vuela(X))).
teoría(4, all(X, pingüino(X) => -vuela(X))).
teoría(4, ave(tweety)).
%teoría(4, pingüino(tweety)).

observación(4,vuela(tweety)).
constantes(4,[tweety]).
```

Breve introducción a la Programación Lógica

En este apéndice presentamos una pequeña introducción a Prolog, fundamentalmente basada en el manual de Flach [20]. Más que un estudio en profundidad, lo que pretendemos es mostrar los rasgos más importantes de este lenguaje de programación. Para descripciones más detalladas se puede acudir, por ejemplo, a [16, 9, 37].

El nombre de Prolog hace referencia a la *programación lógica* —de hecho, es una abreviatura de *PROgramming in LOGic*—, un paradigma de programación que nace en los años 70 de la mano de Colmerauer y Kowalski, al sistematizar trabajos anteriores como los de Boyer y Moore, quienes desarrollaron algoritmos de unificación según las ideas de Robinson [47].

En la programación lógica, los programas no se conciben como una descripción detallada de los algoritmos que la máquina tiene que seguir para solucionar cierto problema, como hacen los lenguajes *imperativos* como C o Pascal. Aquí, la estructura del programa es la de una teoría, de forma que su ejecución consiste en la búsqueda de una prueba para cierto teorema que se propone. Por ello, de la programación lógica se dice que es *declarativa*. Así pues, si en la programación *imperativa* un programa especifica procedimentalmente *cómo* debe resolverse cierto problema, en la programación *declarativa* el programa especifica *qué* propiedades debe tener la solución del problema.

B.1. Estructura de un programa lógico

Como ya hemos apuntado, un programa lógico consiste en una teoría, una descripción del mundo a partir de *hechos* y *reglas*. Para llevar esto a cabo se usan *cláusulas de Horn*, que son fórmulas de tipo

$$\lambda_1 \wedge \ldots \wedge \lambda_n \to \gamma \tag{B.1}$$

para $n \geq 0$, tal que cada λ_i, $1 \leq i \leq n$, es una fórmula atómica, así como γ. A los λ_i se les llama *literales negativos*, y a γ, *literal positivo*, ya que (B.1) es equivalente a

$$\neg\lambda_1 \vee \ldots \vee \neg\lambda_n \vee \gamma \qquad \text{(B.2)}$$

A las cláusulas del tipo (B.1) en que $n = 0$ las llamaremos *hechos*, ya que equivalen a afirmar γ. Cuando $n > 0$ se las llama *reglas*, pues condicionan γ a que se verifiquen todos los literales λ_i, $1 \leq i \leq n$.

La representación en Prolog para hechos y reglas se realiza como en el ejemplo siguiente:

```
l1.
l2 :- l1.
l3 :- l2, l4.
```

Las tres líneas de código anteriores constituyen lo que se conoce como *base de conocimientos* o descripción del mundo. La primera línea corresponde a un hecho, l1, y las otras dos a reglas. En cada regla, el literal que está a la izquierda de ":-" es el literal positivo, o *cabeza* de la regla, y los literales que aparecen a la derecha son los literales negativos, o *cuerpo* de la regla.

Como ya se ha comentado, la ejecución de un programa consiste en la demostración de teoremas dentro de una base de conocimientos. Así, para comprobar si el literal lit puede probarse en cierta base de conocimientos, se lanza a Prolog la pregunta "?- lit.", lo que producirá una respuesta: positiva si el objetivo —en este caso el literal lit— logra probarse y negativa en otro caso. En la base de conocimientos que propusimos en el ejemplo anterior, el objetivo "?- l1." tendrá éxito, ya que "l1" pertenece a la base de conocimientos; también "?- l2.", puesto que la regla "l2 :- l1." representa l1→l2, que junto con l1 permite probar l2. Sin embargo, no puede probarse l3:

```
?- l1.
   Yes
?- l2.
   Yes
?- l3.
   No
```

Tanto las cláusulas de un programa como las preguntas pueden contener functores y variables. Veamos la siguiente base de conocimientos:

```
es_padre_de(juan,ana).                                  % 1
es_padre_de(sergio,maría).                              % 2
es_madre_de(maría,ana).                                 % 3
es_madre_de(carmen,juan).                               % 4
es_madre_de(luisa,carmen).                              % 5

es_abuelo_de(X,Y) :- es_padre_de(X,Z), es_madre_de(Z,Y). % 6
es_abuelo_de(X,Y) :- es_padre_de(X,Z), es_padre_de(Z,Y). % 7

es_abuela_de(X,Y) :- es_madre_de(X,Z), es_madre_de(Z,Y). % 8
es_abuela_de(X,Y) :- es_madre_de(X,Z), es_padre_de(Z,Y). % 9
```

Como puede apreciarse, los functores se pueden usar para definir predicados tal como es_padre_de(juan,ana) que hemos usado para expresar que juan es padre de ana[1]. Con las variables, que hemos llamado X, Y, Z, hemos establecido relaciones entre los predicados. Así, con

```
es_abuelo_de(X,Y) :- es_padre_de(X,Z), es_madre_de(Z,Y).
```

expresamos que X es abuelo de Y si X es padre de Z y Z es madre de Y. Como ocurre en el ejemplo anterior, un mismo predicado puede estar definido por varias cláusulas.

De las variables, debemos decir que las que aparecen en distintas cláusulas son independientes, aunque lleven el mismo nombre. Además, distinguimos entre las *variables universales*, que son las que aparecen en el literal positivo de una cláusula, y las existenciales, que son todas las demás. Así, en la cláusula anterior, X e Y son variables universales, mientras que Z es existencial. Esta denominación se puede comprender fácilmente a través de la equivalencia de la cláusula anterior con

$$\forall xyz \, (es\_padre\_de(x,z) \wedge es\_madre\_de(z,y) \rightarrow es\_abuelo\_de(x,y)) \qquad \text{(B.3)}$$

y a su vez con

$$\forall xy \, (\exists z \, (es\_padre\_de(x,z) \wedge es\_madre\_de(z,y)) \rightarrow es\_abuelo\_de(x,y)) \qquad \text{(B.4)}$$

Cuando en una cláusula quiere introducirse una variable sin importar a qué término represente —pues puede representar a cualquiera— se usa la variable anónima, que se escribe como "_var", siendo "var" cualquier cadena de caracteres.

Veamos algunos ejemplos de cómo las variables pueden usarse también en las preguntas. Entonces, si la respuesta es afirmativa, viene acompañada de los términos con los que debe *unificar* cada variable.

```
?- es_padre_de(X,maría).
   X = sergio
   Yes
?- es_padre_de(X,luisa).
   No
?- es_abuelo_de(X,Y).
   X = sergio
   Y = ana
   Yes
?- es_abuela_de(X,Y).
   X = luisa
   Y = juan ;
   X = carmen
   Y = ana ;
   No
```

---

[1]Obsérvese que escribimos los nombres de átomos y functores comenzando por minúsculas, y los de las variables por mayúsculas. Usamos los términos *functor*, *variable* y *predicado* en el sentido que tienen en Programación Lógica. En Prolog, un *predicado* se define mediante un conjunto de cláusulas que comparten el mismo functor en su literal positivo. Así, en la base de conocimientos anterior, el predicado es_padre_de/2 —el número 2 indica que es un predicado de dos argumentos— está definido por las cláusulas 1 y 2, que son las únicas que tienen tal functor en su literal positivo. Por la misma razón, el predicado es_abuela_de/2 está definido por las cláusulas 8–9.

En el último ejemplo, en que se han pedido todos los pares $\langle x, y \rangle$ donde x es abuela de y, cuando el intérprete devolvió la primera respuesta $\langle luisa, juan \rangle$ le hemos pedido otra más usando ";", signo que tiene en Prolog un valor disyuntivo, y nos ha devuelto $\langle carmen, ana \rangle$. Al pedirle un tercer par, la respuesta ha sido negativa, pues en la base de conocimientos no existe ninguna otra solución a la pregunta propuesta.

B.2. La resolución SLD

Los programas Prolog son evaluados mediante un *intérprete*, un programa encargado de demostrar los objetivos que se le lanzan al formularle preguntas. El motor de prueba que emplean los intérpretes consiste en un procedimiento de demostración por refutación mediante resolución, conocido como *resolución SLD*: *S* por la regla de *selección*, *L* por usar resolución *lineal* —lo cual se refiere a la forma de los árboles de prueba obtenidos— y *D* por realizarse sobre cláusulas *definidas*, que es como se llama a las cláusulas que forman parte de los programas Prolog.

También se usa la *unificación*, que es el mecanismo por el que se reemplazan las variables por términos, mediante una sustitución conocida como *unificador*. En concreto, siempre se buscará el *unificador más general*.

Veamos un ejemplo para mostrar cómo se combinan la resolución SLD y la unificación. Partiremos de la base de conocimientos que definimos en la página 102, y usaremos la numeración que acompaña a cada cláusula para referirnos a ella. Consideremos "?- es_abuela_de(Abuela, Nieto).", un objetivo cuyas respuestas ya conocemos. Como en toda prueba por refutación mediante resolución, se niega lo que quiere probarse y se aplica resolución hasta llegar a la cláusula vacía □. La negación de nuestro objetivo se representa como ":- es_abuela_de(Abuela, Nieto).".

La siguiente tarea es elegir la cláusula con la que va a resolverse este objetivo. La regla de selección elige entonces una cláusula cuyo literal positivo unifique con es_abuela_de(Abuela,Nieto). En este caso, hay dos cláusulas, 8 y 9, que cumplen este requisito. Esta situación se conoce como *punto de elección*. Entonces la regla de selección elige la primera de ellas, la número 8, pero guarda un registro de las demás alternativas de modo que si la prueba fallara con la primea opción —o bien si se piden más soluciones— se continúa por las demás. Al proceso de volver sobre las decisiones de la regla de selección para seguir otras alternativas se le llama *backtracking*, y es otro de los rasgos fundamentales de Prolog.

Volviendo a nuestro ejemplo, tras usar la cláusula 8, el nuevo objetivo que tenemos es

```
:- es_madre_de(Abuela,Z), es_madre_de(Z,Nieto).
```

En esta situación, el objetivo se compone de dos literales. La forma en que se abordan estos objetivos es ordenadamente, comenzando por el primero. Se trata de una *pila de objetivos*, de la que siempre se añaden y se extraen los objetivos por un mismo extremo. Ahora vuelve a producirse un nuevo *punto de elección*, pues el primero de los objetivos puede resolverse con las cláusulas 3, 4 y 5. Al resolverse con 3, se produce el nuevo objetivo ":- es_madre_de(ana,Nieto).", unificando Abuela con maría. Pero este nuevo objetivo no puede resolverse con ninguna cláusula, por lo que se produce una *rama muerta* del árbol de prueba. Entonces por *backtracking* se vuelve al último punto de elección, y se usa esta vez la cláusula 4, pero también se produce otra rama muerta. Sin embargo, al usar la cláusula 5, se unifica Abuela con luisa y el nuevo objetivo resulta ser ":- es_madre_de(carmen,Nieto).". Este nuevo objetivo unifica con la cláusula 4, haciendo Nieto igual a juan, y se obtiene la cláusula vacía. Por tanto, se ha alcanzado la primera solución a la pregunta planteada, de forma que Abuela = luisa y Nieto = juan.

Esta primera respuesta es la misma que obtuvimos del intérprete en la sección anterior. En aquella ocasión pedimos una segunda solución. Entonces lo que se hace es volver sobre el último punto de elección del que aún queden alternativas por seguir. En nuestro caso se trata del primer punto de elección de la prueba, y la única alternativa abierta es usar la cláusula 9, como ya comentamos, que produce el objetivo

    :- es_madre_de(Abuela,Z), es_padre_de(Z,Nieto).

Volvemos a tener un nuevo punto de elección, pues el primer objetivo se puede resolver con las cláusulas 3, 4 y 5. Si se resuelve con 3, el nuevo objetivo resulta ser ":- es_padre_de(ana,Nieto).", que no se resuelve con ninguna cláusula, por lo que produce una nueva rama muerta. Pero si usamos 4, el objetivo, tras unificar Abuela con carmen, se convierte en ":- es_padre_de(juan,Nieto).". Este objetivo puede resolverse solo con la cláusula 1, y se obtiene la cláusula vacía tras unificar Nieto con ana, con lo que se alcanza así la segunda solución del problema.

Si pedimos una tercera solución, tal como hicimos en la sección anterior, se vuelve al último punto de elección, del que aún queda por seguirse una rama, la producida al usar la cláusula 5. Entonces, el objetivo que resulta es ":- es_padre_de(carmen,Nieto).", tras unificar Abuela con luisa. Pero este objetivo *falla*, por no poderse unificar con ningún literal positivo del programa. Entonces se busca otro punto de elección del que quede alguna alternativa sin explorar, pero ya no hay ninguno, por lo que la búsqueda falla —para la tercera solución—, lo que se corresponde con la respuesta negativa que se obtuvo en la sección anterior.

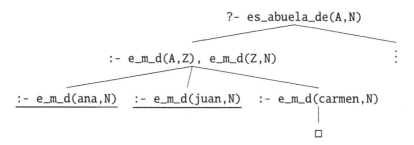

Figura B.1: Ejemplo de un árbol de resolución SLD

En la figura B.1 hemos representado parte del árbol de resolución SLD correspondiente al objetivo que acabamos de probar. Por reducir espacio, solo hemos representado la parte correspondiente a la primera opción del primer punto de elección. Además, se han omitido las unificaciones y se han usado las siguientes abreviaturas: A por `Abuela`, N por `Nieto`, y e_m_d por `es_madre_de`. Las ramas muertas se indican subrayando el último objetivo que se alcanza, para el que ya no es posible encontrar una cláusula con la que pueda resolverse. Las ramas que tienen éxito se marcan con la cláusula vacía.

B.3. Programación en Prolog

A continuación mostramos algunos recursos elementales de programación en Prolog. Para más detalles se puede consultar la ayuda de SWI-Prolog, o bien el estándar [16].

B.3.1. Disyunción

Como hemos comentado más arriba, el operador "`;`" tiene un valor disyuntivo en Prolog, de forma que `A;B` se verificará siempre que se verifique `A` o bien `B`. Teniendo esto en cuenta, las cláusulas 6–9 de la base de conocimientos que aparece en la página 102 se pueden reescribir como

```
es_abuelo_de(X,Y) :-
    es_padre_de(X,Z),
    (es_madre_de(Z,Y);
     es_padre_de(Z,Y)).
es_abuela_de(X,Y) :-
    es_madre_de(X,Z),
    (es_madre_de(Z,Y);
     es_padre_de(Z,Y)).
```

Otra opción posible, también usando la disyunción, sería

```
es_antecesor_de(X,Y):-
    es_padre_de(X,Y);
    es_madre_de(X,Y).
es_abuelo_de(X,Y) :-
    es_padre_de(X,Z),
    es_antecesor_de(Z,Y).
es_abuela_de(X,Y) :-
    es_madre_de(X,Z),
    es_antecesor_de(Z,Y).
```

B.3.2. Corte

Al explicar el procedimiento de resolución SLD, vimos que Prolog siempre guarda información sobre los puntos de elección que aparecen en la búsqueda, de forma que si la prueba falla —o bien si se piden más soluciones—, sea posible volver sobre ellos mediante *backtracking*, recorriendo así nuevas ramas del árbol de prueba.

Sin embargo, hay situaciones en que al programador no le interesa conservar los puntos de elección, especialmente cuando se definen predicados que

tienen a lo sumo una sola solución válida. Entonces, resulta necesario disponer
de algún mecanismo de control que impida, en tales casos, que la búsqueda
vuelva sobre puntos de elección inútiles, o de alguna forma no deseados. Esto
es lo que Prolog realiza mediante el corte, "!", que bien empleado puede mejorar notablemente la eficiencia de los programas. Su efecto, cuando aparece en
una cláusula

```
lit_1 :- lit_2, lit_3, !, lit_4.
```

es eliminar —una vez que se alcanza, es decir, probados lit_2 y lit_3— todas
las soluciones alternativas para los literales lit_2 y lit_3. Además hace que
no se busquen cláusulas alternativas para lit_1. Sin embargo, los puntos de
elección que aparezcan al tratar de probar lit_4 no son eliminados por este
corte.

Haciendo uso del corte, se construye el condicional "->", de forma que "A
-> B" se evalúa igual que "A, !, B", es decir, si tiene éxito la prueba de A se
eliminan los puntos de elección de la cláusula en que aparece el condicional y se
trata de probar B. Mediante la disyunción pueden anidarse los condicionales,
tal como se hace en la siguiente cláusula:

```
lit_1 :-
    lit_2 -> lit_4;
    lit_3 -> lit_5;
    true  -> lit_6.
```

de forma que si se verifica lit_2, habrá que probar lit_4 y no se evalúan
más literales. En caso de que no se verifique lit_2, hay que probar lit_3 y, si
tiene éxito, se continúa por lit_5. Solo si no tuvo éxito la prueba de lit_3 se
evalúa lit_6. El átomo true siempre se evalúa como verdadero por Prolog,
así como fail siempre como falso. Esta construcción es sumamente útil para
definir reglas.

Si bien el uso del corte —y por tanto del condicional— puede mejorar
mucho la eficiencia de los programas, podando los árboles de prueba, también
puede eliminar soluciones válidas. Por ello, debe usarse siempre con cuidado.

B.3.3.   Negación por fallo

También usando el corte se construye la negación por fallo[2] not/1 de la
siguiente forma

```
not(P):- P, !, fail.
not(P).
```

de modo que para evaluar not(P) primero se evalúa P. Si la prueba tiene éxito,
se cortan los puntos de elección —impidiendo que tenga éxito not(P)— y la
prueba falla. En caso de que no tenga éxito la prueba de P, tiene éxito —gracias
a la segunda cláusula— la de not(P).

Por tanto, la negación por fallo tiene éxito si falla la prueba de lo que
se niega. Posteriormente, discutiremos las diferencias entre esta negación y la

---

[2]Mediante la notación pred/n, indicamos que el predicado pred tiene n argumentos, siendo n
un número natural.

negación lógica. En muchos intérpretes, como es el caso de SWI-Prolog, not(P) puede escribirse también como \+ P.

El corte, el condicional y la negación por fallo introducen elementos procedimentales que a menudo pueden suponer una pérdida del sentido declarativo de Prolog. Algo que ocurre frecuentemente es que, para que los programas funcionen correctamente, deben imponerse restricciones a los argumentos de ciertos predicados. Estas restricciones pueden indicarse en las especificaciones de los predicados mediante los signos "-", "+" y "?", tal como explicamos a continuación. Por ejemplo, con pred(-Arg1, +Arg2, ?Arg3) se indica que para el predicado pred, el primer argumento, Arg1, debe ser una variable —que probablemente se instanciará durante la prueba, por lo que se trata de un argumento de *salida*—; el segundo, Arg2, un término sin variables —siendo, pues, un argumento de *entrada*—; y el tercero, Arg3, no tiene ninguna restricción.

La notación anterior es ampliamente usada en los comentarios de los programas. A propósito de los *comentarios*, se denomina así a toda cadena de caracteres que, o bien va desde un signo "%" hasta el siguiente final de línea, o se encuentra encerrada entre "/*" y "*/". Tales líneas, que no son leídas por el intérprete, se emplean para anotar los programas.

B.3.4. Aritmética en Prolog

En Prolog, la identidad "+A = +B" tiene éxito si pueden unificarse los términos A y B. Además, "+A == +B" tiene éxito solo si A y B son el mismo término —sin permitir la unificación de variables— de forma que

```
?- p(a) = p(S).
   S = a
   Yes
?- p(a) == p(S).
   No
?- p(D) == p(S).
   No
?- p(S) == p(S).
   S = _G168
   Yes
?- 5 = 3+2.
   No
```

El término _G168 es la representación interna que SWI-Prolog emplea para la variable S en el tercer ejemplo. El último ejemplo muestra la diferencia que existe entre la unificación, que se realiza con "=", y la evaluación de términos aritméticos. Por ello, no tiene éxito el objetivo "?- 5 = 3+2.", ya que no es posible unificar el término atómico 5 con el compuesto 3+2. Para la evaluación de términos aritméticos, Prolog dispone del predicado is/2, de forma que "?A is +B" se verifica[3] si A es el número correspondiente a la evaluación aritmética de B. Veamos algunos ejemplos:

```
?- 5 is 3+2.
   Yes
```

---

[3]El predicado is/2 lo podemos escribir entre sus dos argumentos debido a su carácter *infijo*. Más adelante explicaremos de qué se trata.

```
?- X is (3*2)-1.
   X = 5
   Yes
?- X is (10/2)^3.
   X = 125
   Yes
```

B.3.5. Recursividad

Al definir un predicado en Prolog, es posible usar la recursividad, como vemos en el siguiente ejemplo[4].

```
/* factorial(+N,?Fac) se verifica si Fac es el factorial de N */
factorial(0,1) :- !.        % Caso base
factorial(N,Fac) :-         % Recursión
       N1 is N-1,
       factorial(N1,F2),
       Fac is N*F2.
```

La primera cláusula define el factorial de 0, mientras que la segunda define el factorial de n, para $n > 0$, como el producto de n por el factorial de $n - 1$.

B.3.6. Listas

Es muy frecuente el manejo de listas, que en Prolog se forman mediante una estructura recursiva, y se representan separando sus elementos por comas y encerrándolos entre los corchetes "[" y "]", de forma que [a,b,c] es la lista compuesta por los elementos a, b y c, en este orden. Igualmente, [X,d,Z] representa cualquier lista de tres elementos que tenga a d en segunda posición. Los elementos de una lista son términos de cualquier tipo, incluido listas. La lista más pequeña es la lista vacía, "[ ]", que no contiene ningún elemento.

Al primer elemento de una lista —de al menos un elemento— se le llama *cabeza* y al resto —que es una lista— *cola*. Mediante [X|Y] se representa una lista que tiene como cabeza el elemento X y como cola la lista Y. Siguiendo esta notación [Pri,Seg,Ter|Rst] representa una lista con al menos tres elementos, Pri, Seg y Ter, y de resto Rst. Cuando una lista tiene un solo elemento, como por ejemplo [a], dicho elemento es su cabeza, y su cola, la lista vacía. Veamos algunos ejemplos.

```
?- [a,b,c,d,e] = [Pri,Seg,Ter|Rst].
   Pri = a
   Seg = b
   Ter = c
   Rst = [d, e]
   Yes
?- [a,b,c] = [Pri,Seg,Ter|Rst].
   Pri = a
   Seg = b
```

---

[4]Las dos primeras líneas, que aparecen comentadas entre "/*" y "*/", constituyen la especificación del predicado factorial/2. Como en ellas se indica, el primero de los argumentos de este predicado, N, es de *entrada*, y se trata del número para el que se calcula el factorial. El segundo, Fac, que en cada llamada podrá ser un número o una variable, es el resultado de calcular el factorial de N. Como en Prolog el orden de los argumentos es libre, conviene aclarar mediante comentarios la especificación de cada predicado que se defina.

```
      Ter = c
      Rst = []
      Yes
?- [a,b] = [Pri,Seg,Ter|Rst].
      No
?- [a] = [Pri|Rst].
      Pri = a
      Rst = []
      Yes
```

B.3.7.   Acumuladores

Como es habitual en otros lenguajes, también en Prolog las definiciones
recursivas de predicados se optimizan si se emplean acumuladores. Veamos
la siguiente definición del predicado longitud(?L,-Long), que se verifica si
Long es igual al número de elementos[5] de la lista L.

```
longitud([],0).
longitud([_X|Y],N):-
        longitud(Y,M),
        N is M+1.
```

Observando las cláusulas anteriores fácilmente se constata que para calcular la longitud de una lista dada, primero hay que calcular la longitud de
su cola para después sumarle una unidad. Por tanto, hay que esperar que
acabe la llamada recursiva para hacer todavía una operación más. Esta forma de proceder resulta bastante costosa, especialmente en cuanto al gasto de
memoria.

Sin embargo, empleando *acumuladores* se reduce mucho el coste, pues antes
de pasar a un nuevo nivel de recursividad se hace todo el trabajo del nivel
anterior. La definición del predicado anterior, empleando un argumento que
sirve de acumulador, es

```
longitud2(Lista,Long) :-
        longitud(Lista,0,Long).
longitud([],Long,Long).
longitud([_Pri|Rst],Acum,Long):-
        Acum1 is Acum+1,
        longitud(Rst,Acum1,Long).
```

B.3.8.   Definición de operadores

En Prolog, los functores y predicados pueden definirse como *operadores*.
Esto puede hacerse llamando a op(Precedencia,Tipo,Nombre), donde Precedencia es un número entre 0 y 1200 —cuanto mayor precedencia tenga un
operador, más grandes son las subfórmulas que caen bajo su alcance—, Tipo
es fx o fy para los operadores *prefijos* —que van delante de sus argumentos—
xfx, xfy o yfx para los operadores *infijos* —que van entre sus argumentos— y
xf o yf para los *sufijos* —que se sitúan tras sus argumentos—. La asociatividad
del operador se indica mediante la x —no asociativo— y la y —asociativo—.
Cuando aparecen dos letras, una a la izquierda y otra a la derecha de la f

---

[5]Prolog dispone del predicado length/2, similar a nuestro longitud/2.

—para operadores *infijos*— están indicando, respectivamente, la asociatividad por la izquierda y por la derecha del operador en cuestión. Por último, `Nombre` es la forma en que se escribe el propio operador.

```
:-      op(400,fy,-),       % Negación
        op(500,xfy,&),      % Conjunción
        op(600,xfy,v),      % Disyunción
        op(650,xfy,=>),     % Implicación
        op(700,xfy,<=>).    % Doble implicación
```

La cláusula anterior recoge la definición de los operadores lógicos tal como aparece en el apéndice A. A continuación ofrecemos algunos ejemplos que muestran las funciones de la precedencia y la asociatividad.

```
?- (a v b & c) = (S v G).
   S = a
   G = b&c
   Yes
?- (a v b & c) = (S & G).
   No
?- (a => b => c) = (S => G).
   S = a
   G = b=>c
   Yes
```

B.4.   Aspectos teóricos

La posibilidad de definir predicados y relaciones lógicas hace a Prolog un lenguaje de programación especialmente apropiado para la implementación de sistemas de razonamiento automático, tal como haremos en el apéndice A. Además, su carácter declarativo simplifica la verificación de los programas lógicos, ya que los predicados pueden implementarse mediante cláusulas que son prácticamente una traducción a Prolog de sus definiciones formales, como más arriba ha ocurrido al definir `factorial/2` o `longitud/2`. Aunque existen trabajos sobre verificación formal de programas lógicos, como [31], generalmente basta asumir la corrección de los intérpretes para asegurar que el comportamiento de los programas será correcto.

Sin embargo, la unificación de Prolog, tal como es realizada por defecto por los intérpretes, no es correcta. Como ejemplo, veamos el siguiente programa,

```
es_estrictamente_menor_que(N,sucesor(N)).
```

que simplemente contiene una cláusula que dice que todo número natural `N` es estrictamente menor que su sucesor. Si preguntamos si todo número `X` es estrictamente menor que sí mismo, la respuesta

```
?- es_estrictamente_menor_que(X,X).
   X = sucesor(**)
   Yes
```

es afirmativa, apareciendo la variable `X` unificada con el término `sucesor(**)`, que representa un término infinito[6] de tipo `sucesor(sucesor(...(X)...))`.

---

[6]Según la implementación de Prolog con que se trabaje, aparecerá `sucesor(**)` u otro término como resultado de la unificación de `X` con `sucesor(X)`.

Sin embargo, se trata de una unificación incorrecta, pues no existe ninguna sustitución que haga a X y sucesor(X) idénticos, ya que los términos infinitos están excluidos del lenguaje de primer orden.

Esta incorrección de la unificación que hace Prolog se puede salvar usando un predicado que al unificar compruebe que cada variable que aparezca en la sustitución no ocurra en el término por el que se reemplaza. El predicado que implementa la unificación correcta es unify_with_occurs_check/2. Si reescribimos el programa anterior usando este predicado, el resultado es

```
es_estrictamente_menor_que(N,sucesor(M)) :-
        unify_with_occurs_check(N,M).
```

y ahora

```
?- es_estrictamente_menor_que(X,X).
   No
```

Combinando adecuadamente las dos unificaciones, se puede reservar la correcta para las ocasiones en que de otra forma podrían producirse incorrecciones —como al programar sistemas de razonamiento para lógica de primer orden—, y la estándar para los demás casos; así se gana en eficiencia, ya que la unificación común de Prolog es computacionalmente mucho menos costosa.

También pueden aparecer en Prolog problemas de incompletud. Consideremos el siguiente programa,

```
hermano_de(X,Y) :- hermano_de(Y,X).
hermano_de(juan,pablo).
```

una de cuyas consecuencias lógicas es hermano_de(pablo,juan). Sin embargo, si lanzamos este literal como una pregunta al intérprete, el resultado es que se agota la memoria, tras entrar en una rama infinita del árbol SLD —la primera rama, pues la resolución SLD no cambia de rama hasta no completar la anterior—, ya que la regla de selección hace volver repetidamente sobre la primera cláusula. Simplemente cambiando el orden en que ambas cláusulas aparecen en el programa, este problema desaparece. Encontramos aquí una nueva limitación al carácter declarativo de Prolog, que habrá que tener en cuanta al programar, ya que el orden de las cláusulas que definen un mismo predicado no resulta indiferente.

Otro problema que aparece al programar en Prolog es la ausencia de la negación lógica. La negación por fallo, not/1, no es equivalente, ya que en lógica clásica no es posible concluir ¬α del hecho de no poder demostrar α. El modo de razonamiento que se correspondería con la negación por fallo es el que hacemos, por ejemplo, cuando consideramos inocente a alguien por no poder demostrar su culpabilidad. Pero esta forma de razonar no siempre es válida. Para paliar la carencia de la negación lógica a menudo se emplea la *hipótesis del mundo cerrado* al construir las bases de conocimientos, según la cual todo aquello que no se sepa verdadero se considera falso. Esta hipótesis se basa en el hecho de que en los contextos para los que se escriben bases de conocimientos generalmente hay más cosas falsas que verdaderas.

Cuando en el apéndice A usamos Prolog para programar un sistema de razonamiento en lógica clásica, necesitamos que el comportamiento del programa sea correcto, completo, y que desde luego pueda manejar correctamente la negación de la lógica clásica. Logramos este objetivo gracias a la posibilidad de usar la resolución SLD para implementar sobre ella otros motores de inferencia —con las propiedades lógicas deseadas—, como son el cálculo de tablas semánticas o el de resolución.

Bibliografía

[1] Aliseda, Atocha: *La abducción como cambio epistémico: C.S. Peirce y las teorías epistémicas en Inteligencia Artificial.* Analogía Filosófica, XII(1):125–144, 1998.

[2] Aliseda, Atocha: *Abductive Reasoning: Logical Investigations into Discovery and Explanation*, volumen 330 de *Synthese Library*. Springer, 2006.

[3] Baaz, Matthias, Christian G. Fermüller y Richard Zach: *Dual systems of sequents and tableaux for many-valued logics.* Bulletin of the EATCS, 49:192–197, 1993.

[4] Beckert, Bernhard y Rajeev Goré: *Free Variable Tableaux for Propositional Modal Logics.* Interner Bericht 41/96, Universität Karlsruhe, Fakultät für Informatik, 1996.

[5] Beckert, Bernhard y Joachim Posegga: leanT^AP: *Lean Tableau-Based Deduction.* Journal of Automated Reasoning, 15(3):339–358, 1995.

[6] Bell, John: *Inductive, abductive and pragmatic reasoning.* En *IJCAI'97 Workshop on Abduction and Induction in AI*, páginas 7–12, 1997.

[7] Benthem, Johan van: *Logic and the Dynamics of Information.* Minds and Machines, 13:503–519, 2003.

[8] Beth, Evert W.: *Semantic Entailment and Formal Derivability.* Koninklijke Nederlandse Akademie van Wentenschappen, Proceedings of the Section of Sciences, 18:309–342, 1955.

[9] Blackburn, Patrick, Johan Bos y Kristina Striegnitz: *Learn Prolog Now!*, volumen 7 de *Texts in Computing*. College Publications, 2006.

[10] Boolos, George: *Trees and finite satisfiability.* Notre Dame Journal of Formal Logic, 25:110–115, 1984.

[11] Braine, M.D.S.: *On the relation between the natural logic of reasoning and standard logic.* Psychological Review, 85:1–21, 1978.

[12] Cosmides, Leda: *The logic of social exchange: Has natural selection shaped how humans reason? Studies with the Wason selection task*. Cognition, 31:187–276, 1989.

[13] Debrock, Guy: *El ingenioso enigma de la abducción*. Analogía Filosófica, XII(1):21–41, 1998.

[14] Défourneaux, Gilles y Nicolas Peltier: *Analogy and Abduction in Automated Deduction*. En *IJCAI'97 Workshop on Abduction and Induction in AI*, páginas 216–225, 1997.

[15] Denecker, Marc y Danny De Schreye: *SLDNFA: An Abductive Procedure for Abductive Logic Programs*. Journal of Logic Programming, 34(2):111–167, 1998.

[16] Deransart, Pierre, AbdelAli Ed-Dbali y Laurent Cervoni: *Prolog: The Standard. Reference Manual*. Springer, 1996.

[17] Díaz-Estévez, Emilio: *Arboles semánticos y modelos mínimos*. En *Actas del I Congreso de la Sociedad de Lógica, Metodología y Filosofía de la Ciencia en España*. Universidad Complutense de Madrid, 1993.

[18] Eco, Umberto y Thomas A. Sebeok: *The Sign of Three: Dupin, Holmes, Peirce*. Indiana University Press, Bloomington, IN, 1983.

[19] Eder, Elmar: *Consolution and its relation with resolution*. En Kaufmann, Morgan (editor): *Proceedings of the 12th International Joint Conference on Artificial Intelligence (IJCAI-91)*, páginas 132–136, 1991.

[20] Flach, Peter: *Simply Logical. Intelligent Reasoning by Example*. John Wiley, 1994.

[21] Gomila, Antoni: *Peirce y la Ciencia Cognitiva*. Anuario Filosófico, XXIX(3):1345–1369, 1996.

[22] Grimaldi, Ralph: *Matemáticas discreta y combinatoria*. Addison Wesley Longman, 1997.

[23] Génova, Gonzalo: *Los tres modos de inferencia*. Anuario Filosófico, XXIX(3):1249–1265, 1996.

[24] Hintikka, J.: *What is abduction? The fundamental problem of contemporary epistemology*. Transactions of the Charles S. Peirce Society, 34(3):503–533, 1998.

[25] Hoffmann, Michael: *¿Hay una lógica de la abducción?* Analogía Filosófica, XII(1):41–57, 1998.

[26] Johnson-Laird, P.N.: *Mental models*. Cambridge University Press, 1983.

[27] Kakas, Antonis, Robert Kowalski y Francesca Toni: *The role of abduction in logic programming*. En *Handbook of logic in Artificial Intelligence and Logic Programming*, páginas 235–324. Oxford University Press, 1998.

[28] Kapitan, T.: *Peirce and the Structure of Abductive Inference*. En Houser, Nathan, Don Roberts y James van Evra (editores): *Studies in the Logic of Charles Sanders Peirce*, páginas 477–496. Indiana University Press, 1997.

[29] Kleene, Stephen Cole: *Introducción a la metamatemática*. Tecnos, 1974.

[30] Krause, Peter: *Presupposition Justification by Abduction and Quantified Presuppositions*. En Katz, Graham, Sabine Reinhard y Philip Reuter (editores): *Sinn & Bedeutung VI, Proceedings of the Sixth Annual Meeting of the Gesellschaft für Semantik*. University of Osnabrück, 2002.

[31] Le Charlier, Baudouin, Christophe Leclère, Sabina Rossi y Agostino Cortesi: *Automated Verification of Prolog Programs*. The Journal of Logic Programming, 1993.

[32] Ligeza, Antoni: *A note on Backward Dual Resolution and its application to proving completeness of rule-based systems*. En Kaufmann, Morgan (editor): *Proceedings of the 13th IJCAI*, páginas 132–137, 1993.

[33] Lipton, Peter: *Inference to the Best Explanation*. Routledge, New York, 1991.

[34] Mayer, Marta Cialdea y Fiora Pirri: *First order abduction via tableau and sequent calculi*. Bulletin of the IGPL, 1:99–117, 1993.

[35] McIlraith, Sheila A.: *Logic-Based Abductive Inference*. Informe técnico, Knowledge Systems Laboratory, Julio 1998.

[36] Nepomuceno-Fernández, Ángel: *Scientific Explanation and Modified Semantic Tableaux*. En Magnani, L., N.J. Nerssessian y C. Pizzi (editores): *Logical and Computational Aspects of Model-Based Reasoning*, Applied Logic Series, páginas 181–198. Kluwer Academic Publishers, 2002.

[37] Nilsson, Ulf y Jan Maluszynski: *Logic, Programming and Prolog*. John Wiley, 1995.

[38] Nubiola, Jaime: *Walker Percy y Charles S. Peirce: Abducción y lenguaje*. Analogía Filosófica, XII(I):87–97, 1998.

[39] Paavola, Sami: *Abduction as a logic and methodology of discovery: the importance of strategies*. Foundations of Science, 9(3):267–283, 2004.

[40] Palau, Gladys Dora: *Introducción filosófica a las lógicas no clásicas*. Gedisa, 2002.

[41] Peirce, Charles S.: *Collected Papers of Charles Sanders Peirce*. Volúmenes 1–6 editados por C. Hartshorne, P. Weiss. Cambridge, Harvard University Press, 1931–1935; volúmenes 7–8 editados por A.W. Burks. Cambridge, Harvard University Press, 1958.

[42] Poole, David, Alan Mackworth y Randy Goebel: *Computational Intelligence: A Logical Approach*. Oxford University Press, 1998.

[43] Quine, W. V.: *A way to simplify truth functions*. The American mathematical monthly, 62:627–631, 1955.

[44] Reyes-Cabello, Liliana, Atocha Aliseda y Ángel Nepomuceno-Fernández: *Abductive reasoning in first order logic*. Logic Journal of the IGPL, 14(2), 2006.

[45] Rips, L.J.: *Cognitive processes in propositional reasoning*. Psychological Review, 90:38–71, 1983.

[46] Rips, L.J.: *The Psychology of Proof*. MIT Press, 1994.

[47] Robinson, John Alan: *A Machine-Oriented Logic Based on the Resolution Principle*. Journal of the ACM, 12:23–41, 1965.

[48] Smullyan, Raymond M.: *First-Order Logic*. Dover Publications, 1968.

[49] Soler-Toscano, Fernando y Angel Nepomuceno-Fernández: `tarfa`: *tableaux and resolution for finite abduction*. En *Logics in Artificial Intelligence. 10th European Conference, JELIA 2006, Liverpool, UK, September 13-15, 2006, Proceedings*, volumen 4160 de *Lecture Notes in Computer Science*. Springer, 2006.

[50] Soler-Toscano, Fernando, Ángel Nepomuceno-Fernández y Atocha Aliseda: *Model-Based Abduction via Dual Resolution*. Logic Journal of the IGPL, 14(2), 2006.

[51] Soler-Toscano, Fernando, Ángel Nepomuceno-Fernández y Atocha Aliseda: *Abduction via C-tableaux and δ-resolution*. Journal of Applied Non-Classical Logics, 19(2):211–225, 2009.